なるほど高校数学　数列の物語

なっとくして、ほんとうに理解できる

宇野勝博　著

ブルーバックス

装幀／芦澤泰偉・児崎雅淑
カバーイラスト／大塚砂織
目次デザイン／中山康子
本文図版／さくら工芸社

シリーズ「なるほど高校数学」刊行にあたって

　数学は豊かで魅力に満ちた学問です。

　アイデアがひらめいて問題の解き方が分かったとき，あるいは見方をちょっと変えるだけで物事の様子が鮮明に浮かび上がったときなど，数学の魅力を感じる人も多いでしょう。

　逆に，数学は難しい，わけが分からない，と感じる人も多いと思います。しかしそのような場合でも，ひとつでも分かる部分ができ，それを足がかりに数学の魅力を体験することができれば，苦手意識も徐々に解消されていくのではないでしょうか。

　でも，いったいなぜ数学を学ぶのでしょうか。

　数学におけるもののとらえ方やテクニックは，数の計算や図形などの数学上の問題に限らず，物理・化学をはじめとする自然科学全般において問題解決への強力な手段となっています。また，論理を積み重ねて結論を導く方法，物事を抽象化して普遍的な視点に到達する方法など，数学では人間のあらゆる活動の根底となる方法を学ぶことができます。

　しかしそれ以上に，はじめに述べたような「分かる喜び・発見する喜び」を体験できることこそが，数学を学ぶ大きな意識だと思います。

それでは，どうすれば数学が分かるようになるのでしょうか。

　万能の方法などありません。一人一人がそれぞれ取り組んでいく中で，「あ，分かった！」という瞬間を積み重ねていくしかないのです。

　しかし，万能とは言えませんが，数学で学ぶいろいろなことがらの関係を正しくつかんだり，いま学ぶことの先には何が待ち受けているのかを頭に描いたりすることができれば，理解の大きな助けになります。すでに理解している人にとっては，より深い認識を手に入れることができます。

　そのようなことを考え，数学の様々なテーマについて，「分かりやすく，その広がりを実感できるように物語る」シリーズ「なるほど高校数学」を刊行することにいたしました。テーマとしては高校で学ぶ内容が中心となりますが，教科書ではありませんので，時には大学で学ぶ内容にまで話が及ぶこともあるでしょう。高校生はもちろんのこと，数学に興味のある中学生でも，大学生・社会人でも，多くの人に数学の魅力・喜びを体験してもらえるものにしたいと考えています。

原岡喜重

まえがき

　数列は数を並べただけのものです。

　指を折りながら，ひとつ，ふたつ，……と数えるとき，皆さんはすでに数列に出会っています。

　今月の日曜日は，2日，9日，16日，23日，30日。これも数列です。

　このように至るところで遭遇する数列について，その仕組み，例えば，どのような規則で数が並べられているのかについて知りたいと思った経験はないでしょうか？

　本書はその謎に迫ることが目的のひとつではありますが，数列はあまりにも多様で，数列を表す式が恐ろしく複雑なものや，そもそも式で表されるかどうかさえ分からない数列もあります。統一的に説明できるのは，もともとある程度整った形をしているものに限られるのです。しかし，簡単な式で表される数列を足掛かりにして，徐々に複雑な数列を解明する過程は，意外と楽しいものだと思います。また，本書では述べませんが，複素数にまで数の範囲を広げると，さらに色々な数列を扱うことができ，そこにはもっと美しい世界が開かれています。

　一方で，数列の多様さは，複雑さや面倒さを感じさせる

要因でもあります。本書では，それをできるだけ避けるため，考え方の背景にあること「なぜそう考えるのか」を伝えることを中心において解説することを目標にしました。この目標がどの程度達成されているのかについては，読者の皆様のご判断をいただきたいと思います。

　数列は，数学のあらゆる分野に登場し，様々な場面で使われています。考えてみれば，数学という学問が，数，あるいは，数に関係する概念を扱うものである以上，数列が数学全体の中で重要な役割を演じることは当然のことでしょう。

　いくつもの数が並んだ列，数列。そして，そのいく筋もの列がまた数学全体に広がる様子。数列は，数学という布のために紡がれた錦の糸のようです。

　数列の美しさを，本書を通じて読者の皆様に少しでもお伝えすることができれば，著者にとって望外の喜びです。

「数列の講義をするときには，もっと情熱的になれるかもしれない」と天吾は言った。「高校の数学教科の中では，数列が個人的に好きだ」
「スウレツがすき」とふかえりはまた疑問符抜きで尋ねた。
「僕にとってのバッハの平均律みたいなものなんだ。飽きるということがない。常に新しい発見がある」
(『1Q84　BOOK1』村上春樹著，新潮社，
　　第4章（天吾）あなたがそれを望むのであれば　より)

まえがき

　本書執筆の機会を与えてくださった熊本大学の原岡喜重さん，的確な助言とともに常に励ましの言葉をかけていただいた講談社の梓沢修さんに心より感謝致します。

　　　　　　2011年1月　　　　　　　　　　　　宇野勝博

もくじ

シリーズ「なるほど高校数学」刊行にあたって　3
まえがき　5

第1章　数列とは何だろう　10

【コラム】数列の記法　19

第2章　基本的な数列　21

§1　等差数列と等比数列　21
【コラム】音階　32
§2　階差と和　33
【コラム】ガウスの話　54
§3　等比数列の和　55
【コラム】ライプニッツ係数　64
§4　一般項がnの2次式, 3次式, …の数列　66
【コラム】組み合わせの数　71

第3章 帰納的定義と数学的帰納法　82

§1 帰納的定義と漸化式　82
【コラム】フィボナッチ数列　106
§2 少し複雑な漸化式に挑戦　110
§3 数学的帰納法　126
【コラム】パスカル　137
【コラム】紀元前の数学的帰納法　145

第4章 数列の広がり　154

§1 数列の極限　154
【コラム】驚異の数学者オイラー　170
§2 数列と微積分　171

問の解答　192
参考図書　199
さくいん　200

第1章　数列とは何だろう

■**数の列を観察してみよう**

数字の列

$$1, \ 4, \ 7, \ 10, \ \cdots$$

があるとき,「10の次にくる数は何でしょう？」と聞かれたら, どう答えますか？

小学校の算数でも

$$1, \ 4, \ 7, \ 10, \ \square, \ 16, \ 19$$

の□に入る数を答えなさい, という問題があります。この問題では13が答えです。「理由は？」と問われたときに,「1, 4, 7と3ずつ増えているので, 10の次は13です」と答えることができれば大したものです。

また

$$1, \ 4, \ 7, \ 10, \ 13, \ 16, \ 19, \ \cdots$$

と続く数の列の「20番目は何でしょう？」という問題もあります。

これも, 1から始まって3ずつ増えているのを見て,「20番目までには19回増えるので

$$1+3\times19=58$$

です」と答えることができたら，立派です。

$$1, \ 4, \ 7, \ 10, \ 13, \ 16, \ 19, \ \cdots$$

のように数字が並んでいるものを**数列**といいます。

　高校の数学の教科書に出てくる「数列」という単元では，この数列のルール，つまり「数の並び方の性質」を探る方法を学びます。

　しかし，数列

$$1, \ 4, \ 7, \ 10, \ 13, \ 16, \ 19, \ \cdots$$

では，19に続く数が具体的に書かれていません。この先もずっと3ずつ増えて

$$1, \ 4, \ 7, \ 10, \ 13, \ 16, \ 19, \ 22, \ 25, \ 28, \ \cdots$$

となっているかもしれないし，また最初から繰り返して

$$1, \ 4, \ 7, \ 10, \ 13, \ 16, \ 19, \ 1, \ 4, \ 7, \ 10, \ \cdots$$

となっているかもしれません。ひょっとすると

$$1, \ 4, \ 7, \ 10, \ 13, \ 16, \ 19, \ 16, \ 13, \ 10, \ \cdots$$

かもしれません。もしかしたら，このどれでもないかもしれません。

「数の並び方の性質を探る」といっても，それぞれの数列

で数がどのように並んでいるかを正確に表せなくては、調べようがありません。

先ほどの「1, 4, 7, 10, 13, 16, 19, … と続く数の列の20番目は何でしょう？」という問いに対しても、あくまでも、「ずっと3ずつ増えているならば、20番目が58になる」としか答えられません。ただ、1, 4, 7, 10, 13, 16, 19, …を見ただけでは、この先この数列がどうなっているのか、ほんとうは全く分からないのです。

数列の性質を調べるためには、それぞれの数列を「すべて正確に表す」ことが第一に必要なのです。

■数列を間違いなく表すには？

そこでまず、数列がどのように私たちの前に姿を現すのかを観察しましょう。

先ほどの

   1, 4, 7, 10, 13, 16, 19, …

をもう一度、見てみます。

19の先がどうなっているのかが問題でした。それでは、この先をどこまで書いていけばよいでしょうか？

しかし、たとえこの先を100番目まで書いたとしても、「101番目はどうなの？」と言われたら困ってしまうし、それではと1000番目まで書いても「1001番目は？」と聞かれたら行き詰まってしまうことは、すぐに分かります。もしすべての数を間違いなく書こうとしたら、無限個書かなくてはなりません。これは、もちろん不可能です。

そこで，この数列の最初の数1から順に番号をふってみます。

並んでいる順番　1　2　3　4　5　6　7　…
数列　　　　　　1　4　7　10　13　16　19　…

このように番号をふると，「1番目は1，2番目は4，3番目は7，…」のように，並んでいる順番に数が対応していることが分かります。もし，この先も3ずつ増えているのであれば，19の先も

並んでいる順番　8　9　10　11　12　13　14　…
数列　　　　　　22　25　28　31　34　37　40　…

のように，並んでいる順番と並んでいる数が対応しているはずです。この対応の仕方がどんな順番の数についてもはっきり分かっていれば，「83番目の数は？」とか「1023番目の数は？」とか聞かれても，すぐにその数が何か答えることができます。つまり，「番目と数の対応関係」が分かればよいということで，言葉を換えれば

番目と数の関係式

を作ればよいのです。この関係式さえあれば，どんな数が

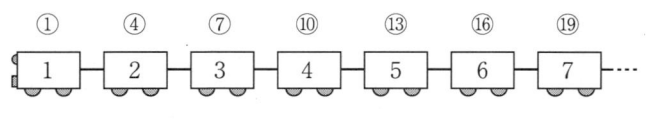

図1　番目と数の関係

並んでいるかを正確に知ることができます。

■数列を書き表す工夫

ここで、数列を書き表す工夫をしましょう。

数列では、「番目と数」の関係が大切でした。そこで、例えばある数列の3番目の数を

$$a_3$$

と表すことにします。先ほどの数列では

$$a_3 = 7$$

となります。つまり、ある数列に属している数ということを a で表し、その3番目の数ということを下付きの数字3で表すことにするのです。

先ほどの数列で見ると

並んでいる数の呼び名	a_1	a_2	a_3	a_4	a_5	a_6	a_7	…
並んでいる順番	1	2	3	4	5	6	7	…
数列	1	4	7	10	13	16	19	…

となり、「20番目は何でしょう?」という問いは「a_{20} は何でしょう?」という問いと同じになります。

この「順番」を表す右下の小さな数字を「インデックス」または「サフィックス」「添え字」と呼びます。インデックスは、数列に限らず数学では重要な役割を果たします。本書を通じてインデックスに注目して、その重要性を理解しましょう。

第1章 数列とは何だろう

図2 番目が分かれば数が分かる

　それでは，インデックスはいくつまで必要でしょうか？
　先ほどの議論と同様，きりがありませんね。そこで，「ある数」の意味で文字「n」を使います。
　数列 a の**何番目でもいい「ある番目」**を「n 番目」とし，その番目の数を a_n と書くことにして，**a_n を n の式で計算できるようにしておく**のです。そうすれば，例えば「1003番目は？」と聞かれても，その n の式で n を1003とすれば1003番目の数を計算できるので，**数列に並んでいる数を正確に表す**ことができるのです。

■n の式で表された数列の実例
　実例をいくつか見て，n の式で表された数列に慣れましょう。
　まず，先ほどから見てきた数列

　　　1，4，7，10，13，16，19，…

ですが，これが，「1から始まって，3ずつ増える数列」ならば

$$a_n = 1 + 3(n-1) = 3n - 2$$

と表すことができます。$(n-1)$ とするのは，例えば3番

目の数は1番目の数から2回3ずつ増えるのと同じで，n番目の数は$(n-1)$回3ずつ増えたからです。これは，ちょうど並木の本数とその間隔の数との関係と同じです。

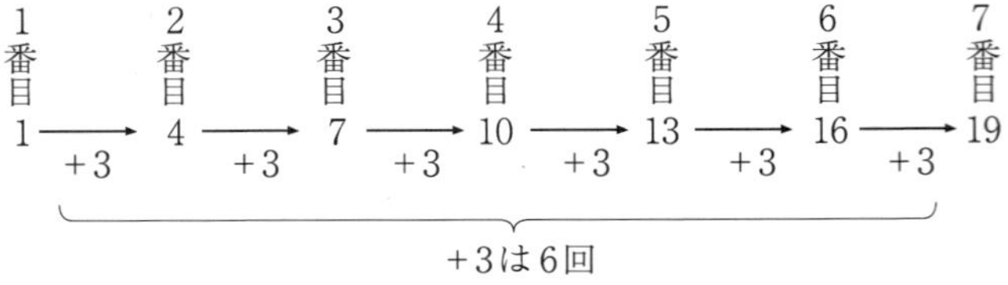

```
1番目   2番目   3番目   4番目   5番目   6番目   7番目
 1  →   4  →   7  →  10  →  13  →  16  →  19
   +3      +3      +3      +3      +3      +3
```

+3は6回

図3　7番目は6回増える

それでは，nの式を使って，対応する数を求めてみましょう。

  3番目 $n=3$ $3\times3-2=7$
  100番目 $n=100$ $3\times100-2=298$
  2321番目 $n=2321$ $3\times2321-2=6961$

と計算できます。では，次に

$$a_n = n^2 + 5$$

と表されている数列の場合を計算してみましょう。

  3番目 $n=3$ $3^2+5=3\times3+5=14$
  100番目 $n=100$ $100^2+5=100\times100+5=10005$
  321番目 $n=321$ $321^2+5=321\times321+5=103046$

です。n番目の数をnの式で表しておくことの便利さが

第 1 章　数列とは何だろう

分かると思います。

　次の章からは，このように n の式で数列を表し，その式を使いながら，数列の性質を見ていきましょう。

■数列の呼び名

　その前に，数列と数列に関する呼び名について，紹介します。

　数列は，

$$a_1,\ a_2,\ a_3,\ a_4,\ a_5,\ a_6,\ \cdots$$

と表すことができました。しかし，数列をいちいち a_1, a_2, $\cdots$, a_n, $\cdots$ と書くのは面倒なので，

数列$\{a_n\}$

と書くことにします。

　中カッコ$\{\ \}$を使っていますが，集合ではありません。また，$\{\ \}$の中には a_n しか書かれていませんが，この記号は$\{\ \}$の中に書かれているのは a という数列の n 番目の数であるということを表しています。本当は n に「番目」を表す自然数 1，2，…を代入することで得られる多くの数が並んでいるのですが，その意味を含めた表し方です。

　次に，「○番目の数」といわずに**第○項**ということにします。例えば，a_1 は**第1項**，a_2 は**第2項**といいます。特に，第1項 a_1 は**初項**ということもあります。もし，並んでいる数が100個しかないときは，最後の数 a_{100} を**末項**ということもあります。もちろん，無限個並んでいる場合

は，末項はありません。

さらに，a_n は**一般項**といいます。第 n 項である a_n が分かっていると，どんな項も計算できるからです。

また先ほど，一般項が $a_n=3n-2$ である数列の他に，一般項が $a_n=n^2+5$ である数列も考えたように，ふたつの数列を同時に考えることもあるかもしれません。それぞれ別々に考えているときは問題ないのですが，もし同時に考えるとなると，数列$\{a_n\}$と書いても，どちらの数列を表しているのか分かりません。

こんなときは，例えば，n^2+5 の方は b_n を使って

$$b_n=n^2+5$$

と表します。この数列に属するということを，b を使って，初項が b_1，第 2 項が b_2，…というように，数列$\{b_n\}$として表すのです。こうすると，ふたつの数列を$\{a_n\}$，$\{b_n\}$と区別して書き表すことができます。もちろん，3つ以上の数列を同時に扱うときは，$\{a_n\}$，$\{b_n\}$，$\{c_n\}$などと表します。

これで，私たちは数列を正確に表すことができるようになりました。次章から，どんな数列があるのか，どのような性質を持っているのか，無限に続く数列はどのようになっているのか，さらに数列の世界はどのように広がるのかなどを紹介します。

第1章 数列とは何だろう

コラム：数列の記法

本文で，数列の一般項を a_n と書くと述べました。そして，この n は自然数 1，2，3，… を表すものであると書きました。このように，文字と数字を用いて数を表す方法は他にはないのでしょうか？ 例えば，インデックス（下付き添え字）ではなく，スーパースクリプト（上付き添え字）ではどうでしょう。しかしこれは，a^1，a^2，…となって累乗と混同してしまうので適当ではありませんね。では，カッコを使って $a(1)$，$a(2)$，…と書くのはどうでしょう。カッコの分だけ書くのが面倒ですが，これだと一般項は $a(n)$ と表されることになり，n に 1，2，3，…と自然数を代入するときも，ちょうど関数 $f(x)$ の x に値を代入するようで，抵抗感が少ないかもしれません。

確かに，例えば $a(n)=3n-2$ と書かれていたら，

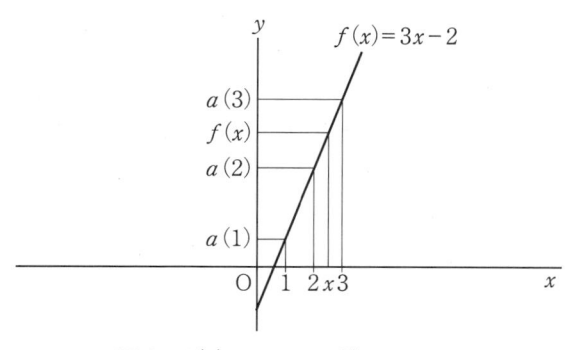

図4 $f(x)=3x-2$ のグラフ

初項：$a(1)=3\times1-2=1$

第2項：$a(2)=3\times2-2=4$

と関数のときのように慣れた書き方になります．実際，数列は，実数 x に対して値が決まる通常の関数に対して，自然数 n に対して値が定まる関数とも考えられます．つまり，$y=f(x)$ という関数で，$f(x)=3x-2$ の場合とあまり変わりません．変数に代入してよいのが自然数に限られているというだけです．いや，むしろ，そう考えた方がよいのかもしれません．なぜなら，数列の n はいつでも，自然数1，2，3，…を代表するものであること，つまり，具体的な自然数が代入された状態を一般的に表したものであることを意識すべきだからです．

このように考えると，インデックスを使うよりカッコを使って $a(n)$ と書く方がよいのではとも思えますが，実数のようにずーっとつながった値ではなく，自然数のようにとびとびの値（離散的な値といいます）であることを意識させるために，カッコとは別の記法が採用されているのでしょう．また，「平面上の2点 P_1，P_2」などというときのインデックスを用いた記法（1番目の点を P_1，2番目の点を P_2, …, n 番目の点を P_n と表す）に通じているともいえます．

第2章　基本的な数列

§1　等差数列と等比数列
■単利と複利

　預金の利息を計算するとき，**単利**，**複利**のふたつの方法があります。文字で表して考えてみましょう。

　最初に預けた金額を a_1 円として1年ごとに残高が，a_2 円，a_3 円，…と増えていくとします。つまり，1年後の残高が a_2 円，2年後の残高が a_3 円，…です。年数とインデックスがひとつずれることに注意してください。一般的に n を使うと，

$$n \text{ 年後の残高が } a_{n+1} \text{ 円}$$

と表されます。また，上の n の部分を $n-1$，$n+1$，$n+2$ と読みかえると，

$$n-1 \text{ 年後の残高が } \quad a_n \text{ 円}$$
$$n+1 \text{ 年後の残高が } a_{n+2} \text{ 円}$$
$$n+2 \text{ 年後の残高が } a_{n+3} \text{ 円}$$

と表されることにも注意してください。

　単利とは，最初に預けた金額（元金）だけを対象にした利息のことで，単利が付く預金を単利預金といいます。言い換えると，利息の額（1年間に増える金額）が何年経っ

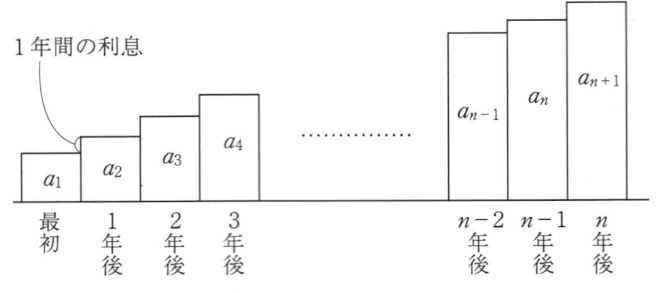

図5　預金の残高を a_n とすると……

ても最初に預けた金額 a_1 に比例する場合です。

　ある年（預けてから n 年後）の残高とその前の年（預けてから $n-1$ 年後）の残高の差

$$a_{n+1} - a_n$$

が1年間に増えた分，つまり，利息になります。単利なので，この利息は元金 a_1 だけに比例し，利率を k とすると，

$$a_{n+1} - a_n = ka_1, \quad \text{つまり，} \quad a_{n+1} = a_n + ka_1 \qquad ①$$

となります。

　ここで，①は，預けてから1年後，2年後，…のすべての場合を表しています。言い換えると，①の式のインデックスに書かれている n は 1，2，3，…を意味しています。つまり，①は，①の式の n に自然数を1から順に代入することで得られる無限個の式

$$a_2 - a_1 = ka_1, \quad つまり, \quad a_2 = a_1 + ka_1$$
$$a_3 - a_2 = ka_1, \quad つまり, \quad a_3 = a_2 + ka_1$$
$$a_4 - a_3 = ka_1, \quad つまり, \quad a_4 = a_3 + ka_1$$
$$\cdots$$

を表しているのです。

これに対し複利は，それまでに付いた利息を元金に加え，その合計額を対象に付く利息です。つまり，それまでに得た利息にさらに利息が付く場合で，利息は前年（預けてから $n-1$ 年後）の残高 a_n で決まります。利息が新たな利息を生む場合ともいえます。これを式で表すと，k を利率として

$$a_{n+1} - a_n = ka_n, \quad つまり, \quad a_{n+1} = (k+1)a_n \qquad ②$$

となります。ここで $k+1$ は定数なので，改めて $k+1=r$ とおき直して②に代入すると

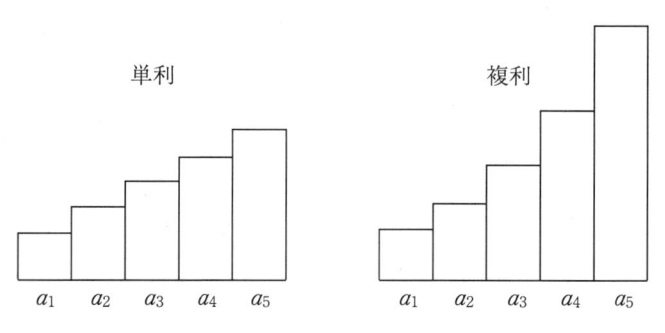

図6　単利と複利の増え方

$$a_{n+1} = ra_n$$

になります。

　単利や複利を表す数列$\{a_n\}$では，まず初項a_1が定められ，第2項a_2以降は，その直前の項までを用いて表されています。このことをもう少し詳しく見ましょう。

　どちらもまず，a_1が最初に預けた金額として定められています。

　次に，単利や複利を表す関係式①と②には，第n項a_nと第$n+1$項a_{n+1}が登場していますが，インデックスのことを思い出すと，この式のnは自然数1，2，3，…を表すもので，実際にはnに1，2，3，…を代入した無限個の式を表しています。

　実際に①と②の式でnに1から順に代入していくと，①は

　　　　a_2 が a_1 を使って表されている
　　　　a_3 が a_2 と a_1 を使って表されている
　　　　a_4 が a_3 と a_1 を使って表されている
　　　　　　　　　　…

となり，②は

　　　　a_2 が a_1 を使って表されている
　　　　a_3 が a_2 を使って表されている
　　　　a_4 が a_3 を使って表されている
　　　　　　　　　　…

となっています。つまり、①も②も、初項が与えられて、第2項以降が順に計算できるという点では、同じように表されているのです。

実は、単利や複利に現れる数列が、数列の中で最も基本的な数列なのです。まずは、単利を表す数列から見ていきましょう。

■**等差数列**

a_1 が指定され、かつ $n \geq 1$ のとき、第 $n+1$ 項 a_{n+1} がそのひとつ前の第 n 項 a_n にある定まった数 d を足して得られる数列、つまり、

$$a_{n+1} = a_n + d, \quad n = 1, 2, 3, \cdots (d は定数)$$

と表される数列を**等差数列**といいます。またそのときの差 d を等差数列 $\{a_n\}$ の**公差**といいます。ここで、上の式は、a_{n+1} と a_n の差が、自然数 n の値によらない一定の値 d であることに注意してください。これは単利を表す関係式 $a_{n+1} = a_n + ka_1$ と同じです。この関係式で、k だけでなく初項 a_1 も定数だと考えて $ka_1 = d$ とおくと上の等差数列の式になるのです。

等差数列の例 等差数列の例を見てみましょう。初項 $a_1 = 1$ であり、$n \geq 1$ のとき、$a_{n+1} - a_n = 3$ である数列

$$1, 4, 7, 10, \cdots$$

は初項が1、公差が3の等差数列です。

このように等差数列では、初項 a_1 と公差 d が判れば、一般項を a_1 と d の式で表すことができます。

- 初項　　　a_1
- 第2項　　$a_2 = a_1 + d$
- 第3項　　$a_3 = a_2 + d = (a_1 + d) + d = a_1 + 2d$
- 第4項　　$a_4 = a_3 + d = (a_2 + d) + d = \{(a_1 + d) + d\} + d$
  $= a_1 + 3d$

と考えていくと、一般項 a_n は初項 a_1 に d を $(n-1)$ 回加えるので

> 初項 a_1、公差 d の等差数列の一般項 a_n は
>
> $$a_n = a_1 + (n-1)d$$

となることが判ります。つまり、数列の目標である、一般項を n の式で表すことができたのです。

それでは、等差数列の例をさらに見ていきましょう。

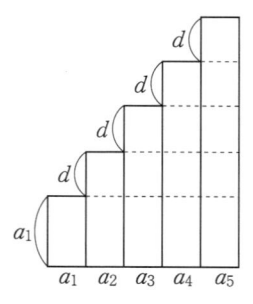

図7　等差数列を図に表すと

例1 正の奇数は 1，3，5，7，…と 1 から始まり，差が一定の数 2 である数列です。これは，初項 1，公差 2 の等差数列ですから，一般項，つまり，小さい方から n 番目の正の奇数は

$$1+(n-1)\times 2 = 2n-1$$

となります。

例2 あるダムでは，1 日に水位が 30cm ずつ減少しているとします。1 日目の水位が 200cm だとすると，2 日目の水位は $200-30=170$cm，3 日目の水位は $200-30\times 2=140$cm になります。このときの n 日目の水位を a_n とすると，a_n は，初項 200，公差 -30 の等差数列なので，

$$a_n = 200+(n-1)\times(-30) = 200-30n+30 = -30n+230$$

となります。

問1 等差数列 $\{a_n\}$ について次の問いに答えよ。

(1) $a_5=7$, $a_{10}=-3$ であるとき，一般項 a_n を n の式で表せ。

（ヒント：まず公差を求めてみましょう）

(2) $a_5+a_7=9$, $a_{11}=7$ であるとき，一般項 a_n を n の式で表せ。

（ヒント：公差を d とおいて，$a_5=a_1+4d$ などと表してみましょう）

■等差数列と1次式

等差数列の一般項を表す式 $a_n = a_1 + (n-1)d$ で a_1 と d は定数ですが,n にはいろいろな自然数を代入することができ,それによって a_n を計算することができます。この意味で n を変数と考えると,a_n は n の1次式だと考えることができます。つまり

$$a_n = a_1 + (n-1)d$$
$$= dn + (a_1 - d)$$

と変形すると,d と $a_1 - d$ は定数なので,x が変数である1次関数

$$y = ax + b$$

と同じ形になります(y が a_n,a が d,x が n,b が $a_1 - d$ に対応します)。

逆に,一般項 a_n が

$a_n = pn + q$, $n = 1$,2,3,$\cdots$ (p,q は定数)

と n の1次式で表されているとき,第 $n+1$ 項 a_{n+1} と第 n 項 a_n の差を計算してみましょう。

$$a_{n+1} = p(n+1) + q$$
$$a_n = pn + q$$

だから,その差 $a_{n+1} - a_n$ をとると

$$a_{n+1} - a_n = p(n+1) + q - (pn+q)$$
$$= pn + p + q - pn - q = p$$

となり、一定の数 p であることが判ります。p が公差 d に相当するのです。これは次のことを意味します。

> 「等差数列」と「一般項が n の1次式で表される数列」は同じ意味

1次関数 $y = ax + b$ のグラフは、傾き a と y 切片 b の値が分かれば書くことができます。つまり、ふたつの値 a と b だけからグラフの全体を知ることができるのです。同様に、等差数列では初項 a_1 と公差 d が分かれば、一般項の式を書くことができます。やはり、ふたつの値 a_1 と d だけからすべての項を表す式を知ることができるのです。

このように、等差数列はふたつの値からすべての項が定まってしまう数列なので、等差数列であることが判っていれば、問1(1)のように、ふたつの項 $a_5 = 7$ と $a_{10} = -3$ から、あるいは問1(2)のように、ふたつの値 $a_5 + a_7 = 9$ と $a_{11} = 7$ から一般項を求めることができます。

■等比数列

複利のところで見たように、第 $n+1$ 項 a_{n+1} がそのひとつ前の第 n 項 a_n に、ある定まった値 r をかけて得られる数列、つまり

$$a_{n+1} = ra_n, \quad n=1, 2, 3, \cdots \quad (r は定数)$$

と表される数列を**等比数列**といいます。そのときの比 r を等比数列 $\{a_n\}$ の**公比**といいます。上の式は，a_{n+1} と a_n の比 $\dfrac{a_{n+1}}{a_n}$ が，n の値によらずに一定の値 r であることを意味します。

等比数列でも，初項 a_1 と公比 r が分かれば，一般項を a_1 と r を使って表すことができます。

初項　　　a_1
第2項　　$a_2 = ra_1$
第3項　　$a_3 = ra_2 = r(ra_1) = r^2 a_1$
第4項　　$a_4 = ra_3 = r(ra_2) = r\{r(ra_1)\} = r^3 a_1$

となっているので，一般項 a_n は初項 a_1 に公比 r を $(n-1)$ 回かけた数になります。このようにして，等比数列の一般項は以下のように書くことができます。

初項 a_1，公比 r の等比数列の一般項 a_n は

$$a_n = a_1 r^{n-1}$$

等比数列の例をいくつか見てみましょう。

等比数列の例　初項 $a_1 = 1$ で，$n \geq 1$ のとき，$a_{n+1} = 3a_n$ である数列

$$1, \ 3, \ 9, \ 27, \ \cdots$$

は，初項が 1，公比が 3 の等比数列です。

例 3 1 日で 2 倍に増殖するバクテリアの初日の個体数を a_1 個とすると，2 日目は $2a_1$ 個，3 日目は $2 \times 2 \times a_1 = 4a_1$ 個，…，n 日目は $2^{n-1}a_1$ 個になります。つまり，このバクテリアの個体数は初項 a_1，公比 2 の等比数列になります。

例 4 等比数列 $\{a_n\}$ について，$a_5 = 96$，$a_{10} = -3$ であるとき，一般項 a_n を n の式で表してみましょう。

この等比数列の初項を a_1，公比を r とおくと，

$$a_5 = r^4 \times a_1 = 96, \quad a_{10} = r^9 \times a_1 = -3$$

と書けます。このふたつの式から

$$\frac{a_5}{a_{10}} = \frac{r^4 \times a_1}{r^9 \times a_1} = -\frac{96}{3}$$

を得るので，約分して $\dfrac{1}{r^5} = -32$ であることが分かります。これから，$r = -\dfrac{1}{2}$ となることがまず分かり，また，$r^4 \times a_1 = 96$ から，$a_1 = 96 \times (-2)^4 = 1536$ と計算できます。したがって，この数列の一般項は，$a_n = 1536 \times \left(-\dfrac{1}{2}\right)^{n-1}$ になります。等比数列は一定の比で順に定まっていく数列なので，上のようにふたつの項の比を考えることで，初項の部分が相殺されて公比が求まる場合が多いのです。

問2 等比数列$\{a_n\}$について,$a_3=36$,$a_6=972$であるとき,一般項a_nをnの式で表せ。

コラム:音階

ギターのように弦の振動によって音を出す楽器では,弦の長さが2倍になると音程は1オクターブ下がります。音程は,弦の振動数で定まるので,実際には,弦の長さが2倍になると振動数が$\frac{1}{2}$になります。

1オクターブは半音(ピアノであれば黒鍵)も数えて12個からなります。標準的なラの音は振動数440Hz(Hzは振動数の単位でヘルツと読む)あたりに設定します。それより1オクターブ下のラの振動数は220Hz,1オクターブ上のラの振動数は880Hzです。つまり,1オクターブごとに見ると,音が高くなるにつれて振動数は2倍,2倍と増えていく等比数列になっています。このことは,半音ごとに見ても同じで,半音高くなると振動数は約1.06倍,つまり,公比約1.06の等比数列になっています。こうすると第13項目は$a_{13}=(1.06)^{12}\times a_1$となり,$(1.06)^{12}$は約2なので1オクターブ(半音12個分)で振動数が2倍になります。このような仕組みの音階を平均律といいます。

ただし,美しいハーモニーを奏でるには,純正律といって,振動数は簡単な整数比(例えば1:2,2:3など)になっていなければなりません。平均律は,どの音を基準にしてもそれなりの音階が得られるので便利ですが,

ドとソの振動数比が約 2：2.997 になっているので（純正律では 2：3），ハーモニーにほんの少しにごりが出ます。ハーモニーの美しさの点では，それぞれの音の振動数を簡単な整数比にした純正律が勝ります。このため，ヴァイオリンや管楽器では指や唇を用いて微妙に音程を修正しながら純正律の音程に近づけることで，より美しいハーモニーを実現しています。

§2 階差と和

■階差数列

まずは，§1 の続きとして，一般項が n の 2 次式（x の 2 次式 x^2+5x-1 や a の 2 次式 a^2-3 のように n の 2 乗を含む式，ただし 3 乗，4 乗，…は含みません）となっている数列について考えてみましょう。

このような数列は，一般的に次のように書くことができます。

$a_n = pn^2 + qn + r$, $n = 1, 2, 3, \cdots$ （p, q, r は定数）

一般の 2 次関数（$y = ax^2 + bx + c$）と同じですね。

それでは，具体例を見てみましょう。最初は，n の 1 乗の項がない場合です。

例 1 $a_n = 2n^2 - 1$ ①

まず，$n = 1, 2, 3, \cdots$ と入れてこの数列の様子を見

ましょう。

$$a_1 = 2 \times 1^2 - 1 = 1$$
$$a_2 = 2 \times 2^2 - 1 = 7$$
$$a_3 = 2 \times 3^2 - 1 = 17$$
$$\cdots$$

となります。

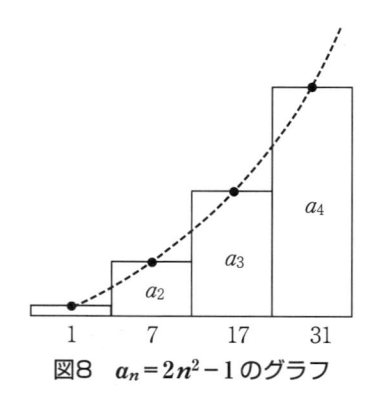

図8　$a_n = 2n^2 - 1$ のグラフ

　一般項が n の1次式で表されている等差数列よりも，変化の度合いが急激です。これは，直線である1次関数のグラフと放物線である2次関数のグラフの関係と同じです。

　ここで，数列を分析する方法をひとつ述べます。それは，**調べる数列の各項の差を考えてみる**というものです。上の例1では

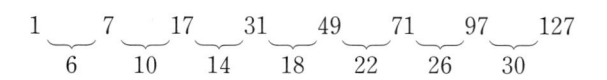

$$1 \underbrace{}_{6} 7 \underbrace{}_{10} 17 \underbrace{}_{14} 31 \underbrace{}_{18} 49 \underbrace{}_{22} 71 \underbrace{}_{26} 97 \underbrace{}_{30} 127$$

となります。次に，差が作る数列を見ると，初項が 6 で公差が 4 の等差数列のようです。実際，差の数列を $\{b_n\}$ とおいて調べてみましょう。差の数列 $\{b_n\}$ を詳しく見ていくと，初項 b_1 は a_2 と a_1 の差，第 2 項 b_2 は a_3 と a_2 の差，…というように考えて，

$$b_1 = a_2 - a_1 = 7 - 1 = 6$$
$$b_2 = a_3 - a_2 = 17 - 7 = 10$$
$$b_3 = a_4 - a_3 = 31 - 17 = 14$$
$$b_4 = a_5 - a_4 = 49 - 31 = 18$$
$$\cdots$$

となります。このように考えると，第 n 番目の b_n は a_{n+1} と a_n の差なので，

$$b_n = a_{n+1} - a_n \qquad ②$$

です。①式から

$$a_{n+1} = 2(n+1)^2 - 1$$
$$a_n = 2n^2 - 1$$

となるので，この式を実際に②式に代入してみると，

$$b_n = a_{n+1} - a_n$$
$$= \{2(n+1)^2 - 1\} - (2n^2 - 1)$$
$$= (2n^2 + 4n + 2 - 1) - (2n^2 - 1) = 4n + 2$$

ですから，数列$\{b_n\}$の一般項は n の 1 次式になります。ここで前の§1の説明を思い出すと，$\{b_n\}$が等差数列であることに気付きます。また，$\{b_n\}$の初項は $b_n = 4n+2$ に $n=1$ を代入して $4 \times 1 + 2 = 6$ と求められますし，公差が 4 であることも上の式からすぐに判ります。

もうひとつ例を見ましょう。今度は 1 次の項を含みます。

例2 $a_n = -n^2 + 2n$ を考えます。差の数列を$\{b_n\}$とおき，$n=1$，2，3，…と入れてみると，

$$b_1 = a_2 - a_1 = (-2^2 + 2 \times 2) - (-1^2 + 2 \times 1) = 0 - 1 = -1$$
$$b_2 = a_3 - a_2 = (-3^2 + 2 \times 3) - (-2^2 + 2 \times 2) = -3 - 0 = -3$$
$$\cdots$$

となります。そこで，一般項を第 n 項として計算すると，

$$b_n = a_{n+1} - a_n = \{-(n+1)^2 + 2(n+1)\} - (-n^2 + 2n)$$
$$= (-n^2 - 2n - 1 + 2n + 2) - (-n^2 + 2n) = -2n + 1$$

ですから，$\{b_n\}$は初項 $-2 \times 1 + 1 = -1$，公差 -2 の等差数列です。

上のことは$\{a_n\}$の一般項 a_n が n の 2 次式 $a_n = pn^2 +$

$qn+r$ のときいつも成り立ちます。このことを確かめてみましょう。この数列 $\{a_n\}$ の差が作る数列を $\{b_n\}$ とおき，$n=1$，2，3，… と入れてみると

$$b_1 = a_2 - a_1 = (4p+2q+r) - (p+q+r) = 3p+q$$
$$b_2 = a_3 - a_2 = (9p+3q+r) - (4p+2q+r) = 5p+q$$
$$\cdots$$

となります。そこで，$\{b_n\}$ の一般項を第 n 項として計算してみると，

$$\begin{aligned}
b_n &= a_{n+1} - a_n \\
&= \{p(n+1)^2 + q(n+1) + r\} - (pn^2 + qn + r) \\
&= (pn^2 + 2pn + p + qn + q + r) - (pn^2 + qn + r) \\
&= 2pn + p + q
\end{aligned}$$

と計算できます。したがって，$\{b_n\}$ は初項 $b_1 = 2p \times 1 + p + q = 3p + q$，公差 $2p$ の等差数列になります。

ここでは，一般項が n の 2 次式で表されている数列の差をとってできる数列が，等差数列になることを見ました。このように差の作る数列を考えると，元の数列より簡単になる場合がしばしばあります。

数列 $\{a_n\}$ が与えられているとき，各項の差の作る数列 $\{b_n\}$ を

$$b_n = a_{n+1} - a_n, \quad n = 1, \ 2, \ 3, \ \cdots$$

と定義し，この $\{b_n\}$ を数列 $\{a_n\}$ の**階差数列**といいます。

これまでにあげた例で見ると，例 1 では数列 $\{2n^2 - 1\}$

の階差数列が$\{4n+2\}$,例2では,数列$\{-n^2+2n\}$の階差数列が$\{-2n+1\}$となっています。

■階差数列から元の数列を求める

元の数列$\{a_n\}$とその階差数列$\{b_n\}$の関係を,$(n-1)$番目まで具体的に書くと

$$b_1 = a_2 - a_1$$
$$b_2 = a_3 - a_2$$
$$b_3 = a_4 - a_3$$
$$b_4 = a_5 - a_4$$
$$\cdots$$
$$b_{n-1} = a_n - a_{n-1}$$

なので,この両辺をそれぞれ加えると

$$b_1 + b_2 + \cdots + b_{n-1} = (a_2 - a_1) + (a_3 - a_2) + \cdots + (a_n - a_{n-1})$$
$$= a_n - a_1$$

つまり,

$$a_n = (b_1 + b_2 + \cdots + b_{n-1}) + a_1$$

となります。このことは,数列$\{a_n\}$も逆に,初項a_1と階差数列$\{b_n\}$によって表されていることを意味しています。

よく考えてみれば当たり前のことですが,元の数列は,その「階差数列の和」を使って表すことができるのです。このことを図で考えると次のようになります。

$$a_6 = a_1 + (b_1 + b_2 + b_3 + b_4 + b_5)$$

$b_1 = a_2 - a_1$
$b_2 = a_3 - a_2$
$b_3 = a_4 - a_3$
$b_4 = a_5 - a_4$
$b_5 = a_6 - a_5$

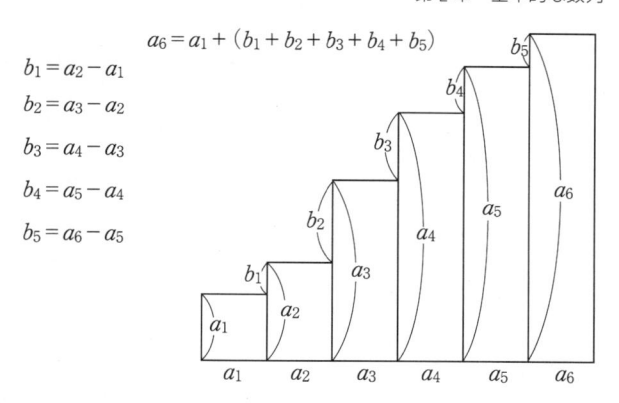

図9 初項に「階差数列の和」を加えると a_n が分かる

階差数列を作る
$\{a_n\} \longrightarrow \{b_n\} : b_n = a_{n+1} - a_n$
$\{a_n\} : a_n = a_1 + (b_1 + \cdots + b_{n-1}) \longleftarrow \{b_n\}$
和を作る

ただし,上では数列 $\{a_n\}$ の第 n 番目の項を表すために,階差数列 $\{b_n\}$ の和については,初項 b_1 から第 $n-1$ 項 b_{n-1} までの和になっていることに注意して下さい。元の数列と階差数列の関係を考えると当然のことですが,ここでのインデックスはよく間違えるところです。でも,ちょうど,木が一列に n 本並んでいるとき,木の間が $(n-1)$ ヵ所あるのと同じように,元の数列の間に注目した数列が階差数列ですから,階差数列の方は第 $n-1$ 項目までの和になるのです。

さて,では逆に,階差数列 $\{b_n\}$ が等差数列,つまり b_n

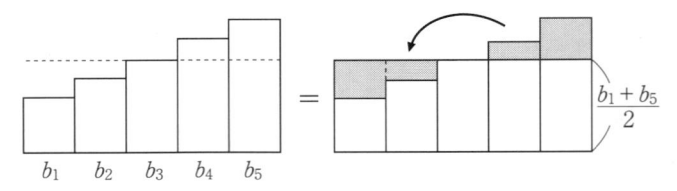

図10 等差数列の和は簡単だ

が n の1次式の場合に、元の数列 $\{a_n\}$ の一般項がどうなるのかを考えてみましょう。

上で見たように、このときの元の数列 $\{a_n\}$ を求めるためには、$\{b_n\}$ の和を求める必要があります。まずは、簡単な例 $b_n=2n+4$ で考えてみます。b_5 まで書いてみると、

$$b_1=6, \quad b_2=8, \quad b_3=10, \quad b_4=12, \quad b_5=14$$

この合計は、初項 b_1 と末項 b_5 の平均に項の数5をかけることによって得られます。

$$和=\frac{b_1+b_5}{2}\times 5=\frac{6+14}{2}\times 5=50$$

これは、上の図でも確かめることができます。

または、b_1, b_2, b_3, b_4, b_5 を逆順に書いて足したものを、元の数列の和に加えると

$$
\begin{array}{r}
6+8+10+12+14 \\
+)14+12+10+8+6 \\
\hline
20+20+20+20+20
\end{array}
$$

のように $b_1+b_5=6+14=20$ を 5 個足したものになります。この $(b_1+b_5)\times 5$ は b_1 から b_5 までの和を 2 倍したものですから，上の式が成り立つことが分かります。

同じように，等差数列の和は次のようになります。

等差数列の初項から第 n 項までの和

$$=\frac{初項+第\ n\ 項}{2}\times n$$

$$=\frac{初項+末項}{2}\times 項数$$

等差数列の第 n 項は n の 1 次式でした。上の初項から第 n 項までの和の公式には，第 n 項（n の 1 次式）と項数（n）の積が出てくるので，この和は，n の 2 次式になることが判ります。つまり，

「一般項が n の 2 次式である数列」と「階差数列が等差数列である数列」は同じ意味

になります。

問1 階差数列の一般項が $n-3$ である数列 $\{a_n\}$ の一般項を求めよ。ただし，初項 $a_1=4$ とする。

実は，階差数列については，

数列の一般項が n の 3 次式
　　　　　⟶ 階差数列の一般項が n の 2 次式

　　　数列の一般項が n の 4 次式
　　　　　⟶ 階差数列の一般項が n の 3 次式

　　　　　　　　　…

逆に，初項から第 n 項までの和については，

　　　階差数列の一般項が n の 2 次式
　　　　　⟶ 数列の一般項が n の 3 次式

　　　階差数列の一般項が n の 3 次式
　　　　　⟶ 数列の一般項が n の 4 次式

　　　　　　　　　…

となっているのですが，このことは，§4 で詳しく説明します。

■数列の和をすばやく計算する方法

　さて，一般項 a_n が n の 2 次式のとき，登場する式や計算が複雑だと感じる人がいるかもしれませんが，実は，案外そうでもありません。実際，初項から第 n 項までの和を計算するときも，いくつかの大切な数列の和だけを知っていれば十分だからです。次にこのことを説明しましょ

う。

最も簡単な等差数列である,自然数を順に並べただけの数列

$$1,\ 2,\ 3,\ 4,\ 5,\ 6,\ \cdots$$

を考えると,この初項から第 n 項までの和は,和の公式 (初項＋第 n 項)$\times n \div 2$ から次のようになります。

$$1+2+3+\cdots+n=\frac{1+n}{2}\times n=\frac{n(n+1)}{2}$$

例えば,1から11までの和は,上の式で $n=11$ として

$$1+2+3+\cdots+11=11\times\frac{11+1}{2}=11\times\frac{12}{2}=66$$

と計算できます。

一般項 a_n が $2n-3$ や $-4n+2$ のような n の1次式 $pn+q$ ($p,\ q$ は定数) のときは,$n=1,\ 2,\ 3,\ \cdots$ としてみると

$$a_1=p+q,\ a_2=2p+q,\ a_3=3p+q,\ \cdots,\ a_n=np+q$$

なので,初項 a_1 から第 n 項 a_n までの和は,

$$\begin{aligned}
&(p+q)+(2p+q)+(3p+q)+\cdots+(np+q)\\
&\quad =p+q+2p+q+3p+q+\cdots+np+q\\
&\quad =(p+2p+\cdots+np)+nq\\
&\quad =(1+2+\cdots+n)p+nq
\end{aligned}$$

となります。このとき，$1+2+\cdots+n$ が現れますが，この部分は

$$1+2+3+\cdots+n=\frac{1+n}{2}\times n=\frac{n(n+1)}{2}$$

を使って計算できます。したがって，この和は

$$\frac{n(n+1)}{2}\times p+nq$$

になります。

例えば，一般項が $a_n=-4n+2$ と表されている場合は，初項から第 n 項までの和は

$$(-4\times 1+2)+(-4\times 2+2)+(-4\times 3+2)+$$
$$\cdots+(-4\times n+2)$$
$$=-4\times(1+2+3+\cdots+n)+2\times n$$
$$=-4\times\frac{n(n+1)}{2}+2n$$
$$=-2n^2-2n+2n$$
$$=-2n^2$$

となります。

つまり，和は各項（n の 1 次の項 pn，定数項 q）ごとに計算できるので，一般項が n の式で表されていれば，公式を覚えておくとしても実は $1+2+\cdots+n$ の場合だけで十分なのです。そして，この公式は，前にも書いた次の図を頭に入れておけばすぐに出てきます。

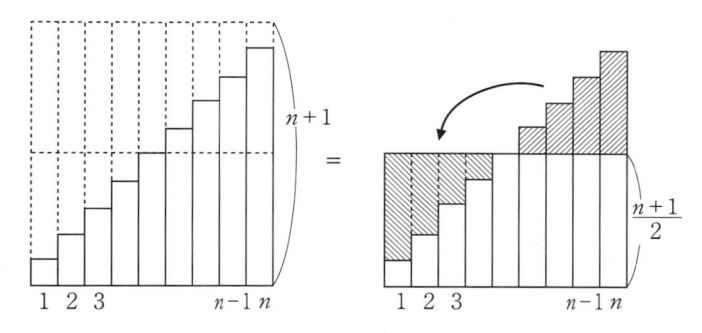

図11　等差数列の和の図は覚えておこう

　同じように，一般項が n の 2 次式の場合も，仮に覚えておくとしても $1^2+2^2+\cdots+n^2$ の場合だけで十分です。この和がどうなるのかは，もう少し後（§4）で解説します。

　ここで説明した和の計算の考え方を，まとめておきましょう。

　例えば，一般項が $a_n=3n-2$ の場合，これを一般項が $b_n=3n$ の数列と一般項が $c_n=-2$（初項，第 2 項，…がすべて -2 の数列）の和であると考えることができます。

$$a_n=3n-2=b_n+c_n \quad n=1,\ 2,\ \cdots$$

そこで，数列 $\{b_n\}$ と $\{c_n\}$ の初項から第 n 項までの和を，それぞれ S と T とおく，つまり，

$$S=b_1+b_2+\cdots+b_n,\ \ T=c_1+c_2+\cdots+c_n$$

とおくと，数列$\{a_n\}$の初項から第n項までの和は

$$a_1+a_2+\cdots+a_n=(b_1+c_1)+(b_2+c_2)+\cdots+(b_n+c_n)$$
$$=(b_1+b_2+\cdots+b_n)+(c_1+c_2+\cdots+c_n)$$
$$=S+T$$

というように，$\{b_n\}$と$\{c_n\}$のそれぞれの初項から第n項までの和を足したものになります。

このことをまとめると，次のように書けます。

> 数列$\{a_n\}$と数列$\{b_n\}$の初項から第n項までの和をそれぞれS，Tとおくと，数列$\{a_n+b_n\}$の初項から第n項までの和は$S+T$となります。

■和を表す記号シグマ

和を表す記号として$\sum$（ギリシャ文字，**シグマ**と読む）がよく使われます。和 $a_1+a_2+\cdots+a_n$ を $\sum_{k=1}^{n}a_k$ と書くのです。

$$\sum_{k=1}^{n}a_k=a_1+a_2+\cdots+a_n$$

この記号は，$\sum$とその上下に書かれた「$k=1$」と「n」を合わせて，

$\sum$の右側のkに1から順にnまでを代入して得られた数すべての和

を意味します。第n項までの和を表すことが多いので，nとは別の文字kを使い，第k項を一般項としています。

途中の部分の和 $a_2+a_3+\cdots+a_{10}$ を

$$\sum_{k=2}^{10} a_k = a_2 + a_3 + \cdots + a_{10}$$

と表すこともできます。また，$\{a_n\}$ が具体的に $a_n=2n-1$ であれば，

$$\sum_{k=1}^{n} a_k = \sum_{k=1}^{n}(2k-1)$$

と書くこともできます。

この記号を使えば上のルールは，$S=\sum_{k=1}^{n}a_k$, $T=\sum_{k=1}^{n}b_k$ とおいたので次のようにも書けます。

$$\sum_{k=1}^{n}(a_k+b_k) = \sum_{k=1}^{n}a_k + \sum_{k=1}^{n}b_k \qquad ①$$

この①は $\sum$ の性質のひとつです。また，別の性質として

$$\sum_{k=1}^{n} 2k = 2\sum_{k=1}^{n} k$$

も成り立ちます。これは，等号の両辺の意味を考えれば当たり前で，左辺は，$2k$ の k に 1 から n まで代入した数を加えるので

$$2, \ 4, \ \cdots, \ 2n \text{ の和}$$

であり，それに対して，右辺はまず

$$1, \ 2, \ \cdots, \ n \text{ の和}$$

を考えて，それの2倍を表しています。つまり，この式は

$$2+4+\cdots+2n = 2(1+2+\cdots+n)$$

を意味しています。これは，左辺の各項から2をくくり出しただけの操作で，当然成立します。このようにΣには

$$c \text{ が定数のとき,} \qquad \sum_{k=1}^{n} ck = c\sum_{k=1}^{n} k \qquad ②$$

という性質があります。また，

$$\sum_{k=1}^{n} k = 1+2+3+\cdots+n = \frac{n(n+1)}{2} \qquad ③$$

という公式もあります。これは，今までに何度も出てきた，1からnまでの和が$\frac{n(n+1)}{2}$であることを表す式です。

さらに，

$$\sum_{k=1}^{n} 1 = n \qquad ④$$

も使われています。この式は間違うことの多い式なので，注意が必要です。左辺は，和を考える数1にkが含まれていないにもかかわらず，kに1からnまでを代入した数の和を表しています。このような場合は，kに1からnまでのどの数を代入しても，「それとは無関係にいつも1だ」と思えばよいのです。したがって，1のままでn個が足し合わされている，つまり，

$$\underbrace{1+1+\cdots+1}_{n \text{個}}$$

を表しているので④が成り立ちます。

第2章 基本的な数列

■シグマの使い方

①〜④を使って実際に計算してみましょう。

数列$\{a_n\}$の一般項が$a_n=2n+1$の場合を考えます。この数列の初項から第n項までの和は，$\sum$を使うと次のように計算できます。

$$\sum_{k=1}^{n}(2k+1)=\sum_{k=1}^{n}2k+\sum_{k=1}^{n}1 \qquad \text{①を使った}$$

$$=2\sum_{k=1}^{n}k+\sum_{k=1}^{n}1 \qquad \text{②を使った}$$

$$=2\times\frac{n(n+1)}{2}+n \quad \text{③，④を使った}$$

$$=n^2+2n$$

このように，$\sum$の使い方を覚えておくと，数列の和が速く計算できます。

$\sum$の計算をするとき，途中で③の

$$\sum_{k=1}^{n}k=1+2+3+\cdots+n=\frac{n(n+1)}{2}$$

を使いました。でも，計算したい和が1からnまでの和

$$1+2+3+\cdots+n$$

ではなく，1から$n+1$までの和

$$1+2+3+\cdots+n+(n+1)$$

だとしたらどうすればよいでしょう。

このときは，③の

$$1+2+3+\cdots+n=\frac{n(n+1)}{2}$$

の両辺に $n+1$ を足して

$$\sum_{k=1}^{n+1} k = 1+2+3+\cdots+n+(n+1) = \frac{n(n+1)}{2}+(n+1)$$
$$= \frac{n^2}{2}+\frac{n}{2}+n+1$$
$$= \frac{n^2}{2}+\frac{3n}{2}+1$$

と計算できます。また，計算したい和が 1 から $n-1$ までの和

$$1+2+3+\cdots+(n-1)$$

であれば，やはり③の両辺から n を引いて

$$\sum_{k=1}^{n-1} k = 1+2+3+\cdots+(n-1)$$
$$= \{1+2+3+\cdots+(n-1)+n\}-n$$
$$= \frac{n(n+1)}{2}-n$$
$$= \frac{n^2}{2}+\frac{n}{2}-n$$
$$= \frac{n^2}{2}-\frac{n}{2}$$

となります。

実際，階差数列から元の数列を求めるときは，元の数列 $\{a_n\}$ とその階差数列 $\{b_n\}$ の関係が

$$a_n = a_1 + (b_1 + \cdots + b_{n-1})$$

なので,初項から第 $n-1$ 項までの和の計算が必要です。

この計算がどのようになるのかを,数列$\{a_n\}$の階差数列$\{b_n\}$の一般項が $b_n = 2n+1$ であるときに見てみましょう。

まず,$b_1 + \cdots + b_{n-1}$ を計算しましょう。

$$\begin{aligned}b_1 + \cdots + b_{n-1} &= \sum_{k=1}^{n-1}(2k+1) \\ &= \sum_{k=1}^{n-1} 2k + \sum_{k=1}^{n-1} 1 \\ &= 2\sum_{k=1}^{n-1} k + \sum_{k=1}^{n-1} 1\end{aligned}$$

となるので,$\sum_{k=1}^{n-1} k$ と $\sum_{k=1}^{n-1} 1$ の計算が必要です。

$\sum_{k=1}^{n-1} k$ は,先ほど計算して,$\dfrac{n^2}{2} - \dfrac{n}{2}$ となることが分かっています。また,$\sum_{k=1}^{n-1} 1$ は,Σの計算のときに使った

$$\sum_{k=1}^{n} 1 = n$$

と同じように,k に 1 から $n-1$ までのどの数を代入しても,それとは無関係にいつも 1 である数を $(n-1)$ 個足すことなので,

$$\sum_{k=1}^{n-1} 1 = n-1$$

になります。このことを使うと,

$$a_n = a_1 + (b_1 + \cdots + b_{n-1})$$
$$= a_1 + 2\sum_{k=1}^{n-1} k + \sum_{k=1}^{n-1} 1$$
$$= a_1 + 2 \times \left(\frac{n^2}{2} - \frac{n}{2}\right) + n - 1$$
$$= a_1 + n^2 - n + n - 1$$
$$= a_1 + n^2 - 1$$

となって,後は初項 a_1 の値さえ分かれば一般項 a_n が計算できます。

しかし,1から $n+1$ までの和や, $n-1$ までの和を前もって計算しておくのは少々面倒です。でも,そのとき計算して得られた式

$$1 + 2 + 3 + \cdots + n + (n+1) = \frac{n^2}{2} + \frac{3n}{2} + 1$$
$$1 + 2 + 3 + \cdots + (n-1) = \frac{n^2}{2} - \frac{n}{2}$$

の右辺をよく見ると,実は

$$\frac{n^2}{2} + \frac{3n}{2} + 1 = \frac{(n+1)(n+2)}{2}$$
$$\frac{n^2}{2} - \frac{n}{2} = \frac{(n-1)n}{2}$$

となっていることが,上のそれぞれの式の右辺を計算してみると分かります。

これは，今まで何度も使った式③

$$\sum_{k=1}^{n} k = 1+2+3+\cdots+n = \frac{n(n+1)}{2} \qquad ③$$

で，n にそれぞれ $n+1$ と $n-1$ を入れると出てくる式です。

つまり，③で n に $n+1$ を入れると

$$\sum_{k=1}^{n+1} k = 1+2+3+\cdots+n+(n+1)$$
$$= \frac{(n+1)\{(n+1)+1\}}{2} = \frac{(n+1)(n+2)}{2}$$

となるし，③で n に $n-1$ を入れると

$$\sum_{k=1}^{n-1} k = 1+2+3+\cdots+(n-1)$$
$$= \frac{(n-1)\{(n-1)+1\}}{2} = \frac{(n-1)n}{2}$$

となるのです。

一般項を考えるときも，例えば，一般項 a_n が

$$a_n = 2n+3$$

と表されているとき，第 $n+1$ 項 a_{n+1} や第 $n-1$ 項 a_{n-1} は

$$a_{n+1} = 2(n+1)+3 = 2n+5$$
$$a_{n-1} = 2(n-1)+3 = 2n+1$$

と表されます。このことと同じように，③式

$$\sum_{k=1}^{n}k=1+2+3+\cdots+n=\frac{n(n+1)}{2}$$

も n に数を入れるだけでなく，$n+1$ などの文字 n を含む式を入れてもよいのです．そうすることで，1から $n+1$ までの和など様々な和を計算することができるのです．

コラム：ガウスの話

カール・フリードリッヒ・ガウス

§2 で求めた和の公式 $1+2+\cdots+n=\dfrac{n(n+1)}{2}$ についてはガウスの逸話が有名です．ガウス (Carl Friedrich Gauss 1777〜1855) はドイツの数学者で数々の公式，定理などで有名です．彼が小学生の時の逸話として伝えられているのは，先生が1から100までの和を求める課題を生徒に与えたとき，ガウスがあっという間に

$\dfrac{100\times(100+1)}{2}=5050$ と答えを出して先生を驚かせたというものです。実際にはもっと大きな数までの和であったという説もあります。

ドイツの通貨がマルクの頃は10マルク紙幣にガウスの肖像が，彼が見出した重要な曲線とともに描かれていました。彼は，曲面の研究，複素数の重要性の指摘，データの誤差についての研究など，数学のみならず物理学，統計学にとっても重要な業績を多く残しています。

§3 等比数列の和
■両辺に公比をかける裏技

§1で見たように，初項が2で，3をかけることによって第2項，第3項，…と順に定まっていく数列

$$2,\ 6,\ 18,\ 54,\ 162,\ \cdots$$

は等比数列の一例です。この数列の一般項 a_n は

$$a_n = 2\times 3^{n-1}$$

と書けることを思い出しましょう。ここではまず，この数列の初項から第10項までの和

$$2+6+18+54+\cdots+2\times 3^8+2\times 3^9$$

はどのように表されるか考えます。

これには，等比数列の性質を生かした方法があります。

結論からいうと、上の和に公比である3をかけたものを考えるのです。これは、

$$(2+6+18+54+162+\cdots+2\times3^8+2\times3^9)\times3$$
$$=2\times3+6\times3+18\times3+54\times3+$$
$$\cdots+2\times3^8\times3+2\times3^9\times3$$
$$=6+18+54+162+\cdots+2\times3^9+2\times3^{10}$$

となって、いま考えている数列 $\{a_n\}$ の第2項から第11項までの和に他なりません。等比数列の各項は、初項から公比である3をかけることで順に第2項、第3項と求まっていくので、和を考えている項に公比をかけると、初項から第10項がひとつずつずれて、第2項から第11項が現れるのです。このことは、求めようとしている和、つまり、初項から第10項までの和を S とおくと

$$S=2+6+18+54+\cdots+2\times3^8+2\times3^9$$

両辺に公比3をかけて

$$3S=6+18+54+162+\cdots+2\times3^9+2\times3^{10}$$

を得たことを示しています。

このとき上の和 S と下の和 $3S$ には、共通の項がたくさんあります。実際、S の第2項目の6から第10項目の 2×3^9 までが $3S$ にも現れています。逆にどちらかにしかないものを見ると、初項の2は S の方にはありますが、$3S$ の方にはなく、また第11項目の 2×3^{10} は $3S$ の方にはありますが、S の方にはありません。

ということは、$3S$ から S を引くと、6 から 2×3^9 までが相殺されて、

$$3S-S=2\times 3^{10}-2$$

となることが判ります。

つまり、

$$\begin{array}{r} 3S=6+18+54+162+\cdots+2\times 3^9+2\times 3^{10} \\ -)S=2+6+18+54+\cdots+2\times 3^8+2\times 3^9\phantom{{}+2\times 3^{10}} \\ \hline 2S=2\times 3^{10}-2\phantom{+2\times 3^8+2\times 3^9+2\times 3^{10}} \end{array}$$

となるのです。このことから

$$S=3^{10}-1$$

と和 S が求まります。

この方法のポイントは、等比数列の性質をうまく利用することで、和に現れる 6 から 2×3^9 の部分、特に「…」の部分を消すことにあります。それ以上どうすることもできない「…」の部分をなくすことで、和を明確に表すことに成功しているのです。

■一般の等比数列の和も同じ

上のことを一般の場合で確認しておきましょう。等比数列 $\{a_n\}$ は

$$a_{n+1}=ra_n \quad n=1,\ 2,\ 3,\ \cdots \quad (r \text{ は定数})$$

となっている数列で、この r は公比と呼ばれるものでし

た。また，等比数列の一般項 a_n は，初項 a_1 と公比 r を使って

$$a_n = a_1 r^{n-1}$$

と表されることも§1で見ました。

この数列の和を求めるために，上の例をまねて，初項から第 n 項までの和を S とおきます。

$$S = a_1 + a_1 r + \cdots + a_1 r^{n-1}$$

次に，初項から第 n 項までに r をかけたものを順に並べると

$$a_1 r, \ a_1 r^2, \ a_1 r^3, \ \cdots, \ a_1 r^{n-1}, \ a_1 r^n$$

となります。この n 個の数の和は，元の数列の初項から第 n 項までの和に r をかけたものなので，

$$rS = a_1 r + a_1 r^2 + a_1 r^3 + \cdots + a_1 r^{n-1} + a_1 r^n$$

という式が成り立ちます。

ここで a_1 は S の方には現れますが，rS の方には現れません。一方で，$a_1 r^n$ は rS の方には現れますが S の方には現れません。このことから，rS と S の差をとると

$$\begin{array}{rl} rS = & a_1 r + a_1 r^2 + a_1 r^3 + \cdots + a_1 r^{n-1} + a_1 r^n \\ -)\ S = & a_1 + a_1 r + a_1 r^2 + \cdots + a_1 r^{n-2} + a_1 r^{n-1} \\ \hline rS - S = & a_1 r^n - a_1 \end{array}$$

となります。

第2章 基本的な数列

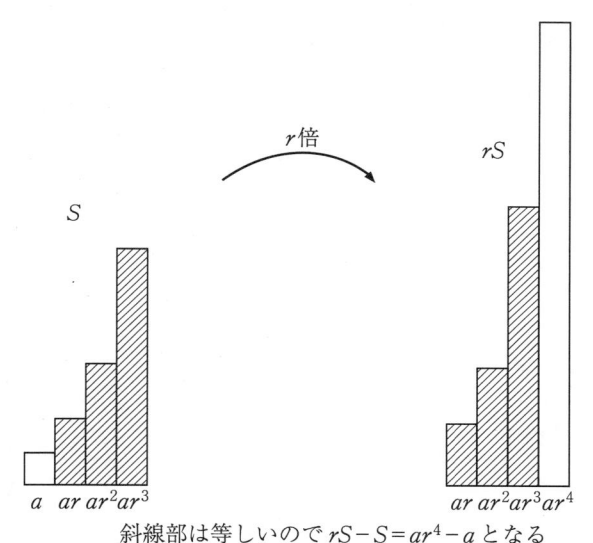

S

r倍

rS

$a\ \ ar\ \ ar^2 ar^3$

$ar\ \ ar^2 ar^3 ar^4$

斜線部は等しいので $rS-S=ar^4-a$ となる

図12 等比数列を r 倍すると、数列が1つずれる

この式の両辺を変形して

$$(r-1)S = a_1(r^n-1)$$

を得ますが，ここで，少し注意が必要です。上の式から

$$S = \frac{a_1(r^n-1)}{r-1}$$

としたくなりますが，これは，$r \neq 1$ のときだけ可能な操作です。

では，$r=1$ のときは，どうでしょう。このときは，数

列 $\{a_n\}$ はどの項も初項 a_1 に等しい数列で,等差数列の特別の場合(公差 0 の等差数列)であり,かつ,等比数列の特別の場合(公比 1)ともいえます。この場合の和 S は明らかに $a_1 n$ です。したがって

> 初項 a_1,公比 r の等比数列の初項から第 n 項までの和は
> $$\begin{cases} \dfrac{a_1(r^n-1)}{r-1} = \dfrac{a_1(1-r^n)}{1-r} & (r \neq 1 \text{ のとき}) \\ a_1 n & (r = 1 \text{ のとき}) \end{cases}$$

となります。

ひとつ練習をしてみましょう。

問1 初項が 1,公比が $\dfrac{1}{2}$ である等比数列の和

$$1 + \frac{1}{2} + \frac{1}{4} + \frac{1}{8} + \cdots + \frac{1}{2^{n-1}}$$

の値を求めよ。

■等比数列の和で大切なこと

次に,$r \neq 1$ の場合に,和についての別の見方を少し紹介しましょう。

まず,等比数列の初項から第 n 項までの和は,

$$\begin{aligned} S &= a_1 + a_1 r + a_1 r^2 + \cdots + a_1 r^{n-1} \\ &= a_1(1 + r + r^2 + \cdots + r^{n-1}) \end{aligned}$$

と初項 a_1 でくくることができるので,結局は

$$1+r+r^2+\cdots+r^{n-1}$$

を求めれば和が計算できます。上の和は,初項 1,公比 r の等比数列の和ですから,公式を使うと,

$$1+r+\cdots+r^{n-1}=\frac{r^n-1}{r-1}$$

となります。

この式は,両辺に $r-1$ をかけると

$$(1+r+\cdots+r^{n-1})\times(r-1)=r^n-1 \qquad ☆$$

と同等ですが,これは,例えば,$n=2$,$n=3$,$n=4$ のときは,それぞれ

$$(1+r^1)\times(r-1)=r^2-1$$
$$(1+r+r^2)\times(r-1)=r^3-1$$
$$(1+r+r^2+r^3)\times(r-1)=r^4-1$$

となります。これらの式が正しいことは,実際に左辺を展開してみることで判ります。このことが一般の n について正しい(☆の式)という事実が,等比数列の和にとって大切なことなのです。

■等比数列の階差数列

では,等比数列の階差数列はどうなるのでしょうか?

最初から一般的な形で,初項 a_1,公比 r の等比数列 $a_n=a_1 r^{n-1}$ を考えてみましょう。この数列 $\{a_n\}$ の階差数列

を $\{b_n\}$ とすると,階差数列の定義 $b_n = a_{n+1} - a_n$ $(n \geq 1)$ を思い出して

$$b_n = a_{n+1} - a_n = a_1 r^n - a_1 r^{n-1} = a_1(r-1)r^{n-1}$$

と計算できます。このとき,a_1 も r も定数なので,これは初項 $a_1(r-1)$,公比 r の等比数列の形をしています。つまり,等比数列の階差数列はやはり等比数列なのです。

一方で,$r \neq 1$ のとき等比数列の初項 a_1 から第 n 項 a_n までの和 S_n を表す式

$$S_n = \frac{a_1(r^n - 1)}{r - 1}$$

は

$$S_n = \frac{a_1(r^n - 1)}{r - 1} = \frac{a_1 r^n}{r - 1} - \frac{a_1}{r - 1}$$

と変形できます。この式の右辺の第1項目,第2項目が表す数列をそれぞれ $\{c_n\}$,$\{d_n\}$ とおくと,

$$S_n = c_n + d_n, \quad c_n = \frac{a_1 r^n}{r - 1}, \quad d_n = \frac{-a_1}{r - 1}$$
$$n = 1, 2, \cdots$$

となります。数列 $\{c_n\}$ の最初の何項かを書いてみると

$$c_1 = \frac{a_1 r}{r-1}, \ \ c_2 = \frac{a_1 r^2}{r-1}, \ \ c_3 = \frac{a_1 r^3}{r-1}, \ \cdots$$

となり，これを見ると，c_2, c_3, …はこの数列の初項 c_1 に r をかけることで順に得られることが判ります。つまり，数列 $\{c_n\}$ は初項 $\dfrac{a_1 r}{r-1}$，公比 r の等比数列です。

一方

$$d_1 = d_2 = d_3 = \cdots = \frac{-a_1}{r-1}$$

なので，数列 $\{d_n\}$ は，常に一定の値をとる数列です。

等比数列 $\{a_n\}$ の初項から第 n 項までの和

$n=1$ のとき，$\quad S_1 = a_1 = \dfrac{a_1(r^1-1)}{r-1}$

$n=2$ のとき，$\quad S_2 = a_1 + a_2 = \dfrac{a_1(r^2-1)}{r-1}$

$n=3$ のとき，$\quad S_3 = a_1 + a_2 + a_3 = \dfrac{a_1(r^3-1)}{r-1}$

$$\cdots$$

として作られた数列 $\{S_n\}$ は，等比数列 $\{c_n\}$ と定数数列 $\{d_n\}$ の和として

$$S_n = a_1 + a_2 + a_3 + \cdots + a_n = \frac{a_1(r^n-1)}{r-1} = c_n + d_n$$

とも表されることが分かりました。

このことをまとめると，次のようになります。

等比数列 ─────────→ 等比数列
　　（階差数列を作る）

等比数列 ─────────→ 等比数列＋定数数列
　（初項から第 n 項までの和を作る）

---

§2では，等差数列を考えるとき階差数列を計算すると一般項が元の数列より簡単な式になることを見ました。しかし，等比数列では，その階差数列も等比数列なので，あまり簡単になりません。等比数列では，初項，第2項，第3項，…と順に公比 r をかけた数が並んでいるので，差を考えることにあまり意味がないのです。むしろ，等比数列の和の公式を導き出すときに見たように，公比をかけるような方法が有効なのです。

コラム：ライプニッツ係数

ゴットフリード・ヴィルヘルム・ライプニッツ

第2章 基本的な数列

　交通事故などで不幸にしてそれまでのように働けなくなった場合，加害者は被害者に損害賠償しなければなりません。被害者が健常であれば得たであろう収入（逸失利益といいます）を加害者が被害者に支払うのです。

　このとき，賠償額の支払いはたいてい一度ですが，被害にあっていない場合に被害者が得る収入は月給である場合が多く，これは何度にも分けて得ます。ところが，月給分を最初にまとめて一度に受け取ると，事故にあっていない場合より早い支払いとなるので，被害者は利息分だけ収入が増えます。この誤差を修正するため，日本では通常，収入にライプニッツ係数をかけた額を支払うことになっています。

　ライプニッツ係数は，収入が n 年にわたる場合，

$$\left\{1-\left(\frac{1}{1.05}\right)^n\right\} \div 0.05$$

とすることが多く，これは年利を5％として計算されたものです。

　1年分を一度にもらって貯金すると1年後には1.05倍になります。したがって，年収 a 円の場合には，1年目の分の支払い額を a 円ではなく $a \times \dfrac{1}{1.05}$ 円とします。同じように2年目分の収入は2年早く支払われるので，$a \times \left(\dfrac{1}{1.05}\right)^2$ 円を支払うものとするのです。すると，n 年間の合計額は

$$a\left\{\left(\frac{1}{1.05}\right)^1+\left(\frac{1}{1.05}\right)^2+\cdots+\left(\frac{1}{1.05}\right)^n\right\}$$

となり,これは,初項 $\dfrac{a}{1.05}$,公比 $\dfrac{1}{1.05}$ の等比数列の初項から第 n 項までの和です。この和は,§3 で求めた公式から

$$\frac{\dfrac{a}{1.05}\left\{1-\left(\dfrac{1}{1.05}\right)^n\right\}}{1-\dfrac{1}{1.05}}=\frac{\dfrac{a}{1.05}\left\{1-\left(\dfrac{1}{1.05}\right)^n\right\}}{\dfrac{0.05}{1.05}}$$

となり,これは a に上のライプニッツ係数をかけた値になります。

ライプニッツ (Gottfried Wilhelm Leibniz 1646～1716) はドイツの数学者,哲学者で,ニュートン (Isaac Newton 1642～1727) と独立に微分積分を発見したことで有名です。微分の記号 $\dfrac{df}{dx}$ などは彼の発明です。

§4 一般項が n の2次式,3次式,…の数列
■3次式の数列と4次式の数列

さて,これまで等差数列,等比数列というふたつの数列を見てきました。またそのとき,等差数列は n の1次関数に対応すること,等差数列の初項から第 n 項までの和が与える数列は n の2次関数に対応することなども見ました。

このセクションでは，この考え方を進めて，2次関数，3次関数に対応する数列を考えます。

一般項が n の 2 次式，3 次式，… である数列はたくさんあります。このような数列の階差数列や和を考えてみましょう。

例えば a_n が n の 4 次式

$$a_n = n^4 + 5n^2 + 1$$

である場合を考えてみます。この数列は，n 番目の数である第 n 項が，n を 4 乗して，それに n を 2 乗したものの 5 倍を加え，さらに 1 を加えたものです。例えば，第 6 項は

$$a_6 = 6^4 + 5 \times 6^2 + 1 = 1296 + 180 + 1 = 1477$$

となることを表します。

ここで，数列 $\{b_n\}$，$\{c_n\}$，$\{d_n\}$ を

$$b_n = n^4, \quad c_n = 5n^2, \quad d_n = 1$$

とおくと，

$$a_n = b_n + c_n + d_n \quad (n = 1, \ 2, \ \cdots)$$

となります。

数列 $\{a_n\}$ の階差数列を計算してみましょう。階差数列の第 n 項は，$\{a_n\}$ の第 $n+1$ 項から第 n 項を引いて

$$a_{n+1} - a_n = (b_{n+1} + c_{n+1} + d_{n+1}) - (b_n + c_n + d_n)$$
$$= (b_{n+1} - b_n) + (c_{n+1} - c_n) + (d_{n+1} - d_n)$$

つまり、3つの数列 $\{b_n\}$, $\{c_n\}$, $\{d_n\}$ それぞれの階差数列を加えたものになります。また、数列 $\{b_n\}$, $\{c_n\}$, $\{d_n\}$ それぞれの初項から第 n 項までの和を加えたものが、$\{a_n\}$ の初項から第 n 項までの和になります。ということは、3次式 $an^3 + bn^2 + cn + d$ や 4次式 $an^4 + bn^3 + cn^2 + dn + e$ で表される数列といっても、基本的には n^3, n^4, つまり $a_n = n^k$ のような式で表される場合だけを考えればよいことになります（ここで k は自然数、1, 2, … です）。

最初に、一般項が $a_n = n^3$ である数列 $\{a_n\}$ を考えてみましょう。この数列の階差数列の一般項を考えるためには、$(x+y)^3$ の展開公式

$$(x+y)^3 = x^3 + 3x^2y + 3xy^2 + y^3$$

を使うと便利です。第 $n+1$ 項 a_{n+1} は、この式に $x=n$, $y=1$ を代入した式を考えると

$$a_{n+1} = (n+1)^3 = n^3 + 3n^2 + 3n + 1$$

となるので、階差数列は

$$a_{n+1} - a_n = (n+1)^3 - n^3$$
$$= (n^3 + 3n^2 + 3n + 1) - n^3 = 3n^2 + 3n + 1$$

と計算できます。これは，$(n+1)^3$ を展開したときに現れる n の2次式の部分であることが判ります。

次に，一般項が $a_n = n^4$ である数列 $\{a_n\}$ の階差数列を考えてみましょう。これには，$(n+1)^4$ の展開が必要です。しかし，すでに

$$(n+1)^3 = n^3 + 3n^2 + 3n + 1$$

であることが分かっているので，この両辺に $(n+1)$ をかければ

$$(n+1)^4 = (n^3 + 3n^2 + 3n + 1)(n+1)$$

と $(n+1)^4$ が計算できます。ここで，これを

$$\begin{aligned}
&(n^3 + 3n^2 + 3n + 1)(n+1) \\
&= (n^3 + 3n^2 + 3n + 1)n + (n^3 + 3n^2 + 3n + 1) \\
&= (n^4 + 3n^3 + 3n^2 + n) + (n^3 + 3n^2 + 3n + 1)
\end{aligned}$$

のように，係数は 1, 3, 3, 1 で，n の次数がひとつずれた形の式の和だと思うと，$(n+1)^4$ は次のように

$$\begin{array}{r}
n^4 + 3n^3 + 3n^2 + n \\
+)\phantom{n^4+{}} n^3 + 3n^2 + 3n + 1 \\
\hline
n^4 + 4n^3 + 6n^2 + 4n + 1
\end{array}$$

となることが簡単に計算できます。

この展開式

$$(n+1)^4 = n^4 + 4n^3 + 6n^2 + 4n + 1$$

を使うと,一般項が $a_n = n^4$ である数列 $\{a_n\}$ の階差数列は,

$$a_{n+1} - a_n = (n+1)^4 - n^4 = (n^4 + 4n^3 + 6n^2 + 4n + 1) - n^4$$
$$= 4n^3 + 6n^2 + 4n + 1$$

となります。一般項が n^3 である数列のときと同じように, n^4 のときも,階差数列は $(n+1)^4$ を展開したときに現れる n の3次式の部分になります。

■次数が上がっても仕組みは同じ

一般項が $a_n = n^5$ の場合も上と同様に,まず $(n+1)^4$ に $(n+1)$ をかけて $(n+1)^5$ の展開式を計算し,階差数列を

$$a_{n+1} - a_n = (n+1)^5 - n^5$$

の計算から求めることができます。

この計算を繰り返すことで,一般項が $a_n = n^k$ の場合も階差数列が計算できます。しかも,階差数列は $(n+1)^k - n^k$ なのでやはり,$(n+1)^k$ を展開したときに現れる $k-1$ 次式の部分になります。

階差数列を作る
一般項が n^k の数列 $\longrightarrow$ 一般項が $(n+1)^k$ を展開して現れる $k-1$ 次式の部分

コラム:組み合わせの数

$(n+1)^k$ の展開には,別の計算の仕方もあります。もう少し一般的に $(x+y)^k$ の展開を計算する方法なのですが,その仕組みを $(x+y)^3$ を例にとって見てみましょう。

$$(x+y)^3 = (x+y)(x+y)(x+y)$$

の展開には,x^3 や x^2y が現れますが,例えば x^2y の係数を考えてみます。これは,展開のとき,x を2回と y を1回取ってかけ合わせて出てくるので,次の3通りあり,x^2y の係数は3です。

$$(x+y)(x+y)(x+y)$$
$$\downarrow \quad \downarrow \quad \downarrow$$

x	x	y
x	y	x
y	x	x

つまり,3つの $x+y$ のうち,どの2つから x を取るかを考えればよいので,x を取る場所として,3つの場所から2つの場所を選ぶ方法が何通りあるかを考えるのと同じです。

この方法の数は,**組み合わせの数**と呼ばれていて,n 個のものから r 個を選ぶ組み合わせの数は $_nC_r$ と書きます。上の x^2y の係数の場合は $_3C_2$ です。組み合わせの数は,具体的には

$$_nC_r = \frac{n!}{r!(n-r)!}$$

という式で計算できることがわかっています。ここで，$n!$ は n の**階乗**といって 1 から n までの自然数の積

$$1 \times 2 \times \cdots \times (n-1) \times n$$

を表します。例えば，$3!=6$，$4!=24$，$5!=120$ です。ただし，$0!$ は 1 と約束しておきます。階乗を使って計算すると $_3C_2$ は $\dfrac{3!}{2!1!} = \dfrac{6}{2 \times 1} = 3$ となります。組み合わせの数については，『離散数学「数え上げ理論」』（ブルーバックス，野﨑昭弘著）を参照してください。

■2次式の数列の和

次に和を考えましょう。まず一般項が $a_n = n^2$ の場合を考えましょう。この数列の初項から第 n 項までの和を S とおくと

$$S = 1^2 + 2^2 + 3^2 + \cdots + n^2$$

を求めるわけですが，これにも $(n+1)^3$ の展開を使います。

$$(n+1)^3 = n^3 + 3n^2 + 3n + 1$$

で，n のところを 1 から順に 1，2，3，$\cdots$，$n-1$，n として得られる式をすべて並べます。

第 2 章　基本的な数列

$$1 \text{のとき}: \quad (1+1)^3 = 1^3 + 3\cdot 1^2 + 3\cdot 1 + 1$$
$$2 \text{のとき}: \quad (2+1)^3 = 2^3 + 3\cdot 2^2 + 3\cdot 2 + 1$$
$$3 \text{のとき}: \quad (3+1)^3 = 3^3 + 3\cdot 3^2 + 3\cdot 3 + 1$$
$$\cdots$$
$$n-2 \text{のとき}: \{(n-2)+1\}^3 = (n-2)^3 + 3(n-2)^2 + 3(n-2) + 1$$
$$n-1 \text{のとき}: \{(n-1)+1\}^3 = (n-1)^3 + 3(n-1)^2 + 3(n-1) + 1$$
$$n \text{のとき}: \quad (n+1)^3 = n^3 + 3n^2 + 3n + 1$$

上のすべての式の両辺を加えるのですが，このとき左辺，右辺に共通の項があることに気づきます。ふたつ目の式（2のとき）の左辺は

$$(2+1)^3 = 3^3$$

なので，3番目の式（3のとき）の右辺にもあります。また，$n-1$のときの式の左辺は

$$\{(n-1)+1\}^3 = n^3$$

なので，nのときの式の右辺にもあります。このように考えていくと，3乗が現れる項はほとんど両方の辺に出ていることが判ります。これをすべて相殺させると左辺には$(n+1)^3$しか残りません。一方，右辺には，1^3が残りますが，これは1ですから問題ありません。また，右辺の第2項目を足し合わせたものは

$$3\times1^2+3\times2^2+3\times3^2+\cdots+3\times n^2$$
$$=3(1^2+2^2+3^2+\cdots+n^2)$$

なので，$3S$ になります．第 3 項目を足し合わせると

$$3(1+2+3+\cdots+n)$$

第 4 項目を足し合わせると

$$1+1+1+\cdots+1$$

が出てきますが，これはそれぞれ，$\dfrac{3n(n+1)}{2}$，n であることを §2 で見ました．したがって，すべての式の両辺を加えると，最終的に

$$(n+1)^3=1+3S+\frac{3n(n+1)}{2}+n$$

が得られます．この式の左辺を n^3+3n^2+3n+1 でおき換えて S を求めると

$$S=\frac{2n^3+3n^2+n}{6}=\frac{n(n+1)(2n+1)}{6}$$

という式が出てきます．

$$1^2+2^2+\cdots+n^2=\frac{n(n+1)(2n+1)}{6}$$

このように，和を計算するときは，相殺させたり，すでに分かっている式を使ったりと，いろいろな工夫が必要な

のです。

■和も次数が上がっても同じ仕組み

では、一般項が $a_n=n^3$ の場合はどうなるでしょう。これも同じ仕組みで和を計算することができます。今度は、この数列$\{a_n\}$の初項から第 n 項までの和を S とおきます。

$$S=1^3+2^3+3^3+\cdots+n^3$$

これには $(n+1)^4$ の展開を使います。

$$(n+1)^4=n^4+4n^3+6n^2+4n+1$$

で、やはり、n のところを 1 から順に 1, 2, 3, …, $n-1$, n として得られる式をすべて並べます。

1のとき： $(1+1)^4=1^4+4\cdot1^3+6\cdot1^2+4\cdot1+1$
2のとき： $(2+1)^4=2^4+4\cdot2^3+6\cdot2^2+4\cdot2+1$
3のとき： $(3+1)^4=3^4+4\cdot3^3+6\cdot3^2+4\cdot3+1$
 …
$n-2$ のとき：$\{(n-2)+1\}^4=(n-2)^4+4(n-2)^3+6(n-2)^2$
$\qquad\qquad\qquad\qquad\qquad +4(n-2)+1$
$n-1$ のとき：$\{(n-1)+1\}^4=(n-1)^4+4(n-1)^3+6(n-1)^2$
$\qquad\qquad\qquad\qquad\qquad +4(n-1)+1$
n のとき： $(n+1)^4=n^4+4n^3+6n^2+4n+1$

上のすべての式の両辺を加えると、やはり 4 乗が現れる項はほとんど相殺され、左辺には $(n+1)^4$ だけが、また右辺には 1^4 だけが残ります。第 2 項目、第 3 項目、第 4

項目,第 5 項目の和はそれぞれ

$$4(1^3+2^3+\cdots+n^3)=4S$$
$$6(1^2+2^2+\cdots+n^2)=6\times\frac{n(n+1)(2n+1)}{6}$$
$$4(1+2+\cdots+n)=4\times\frac{n(n+1)}{2}$$
$$1+1+1+\cdots+1=n$$

なので,結局

$$(n+1)^4=1+4S+n(n+1)(2n+1)+2n(n+1)+n$$

となります。この式から

$$S=\frac{n^4+2n^3+n^2}{4}=\left\{\frac{n(n+1)}{2}\right\}^2$$

が得られます。

$$1^3+2^3+\cdots+n^3=\left\{\frac{n(n+1)}{2}\right\}^2$$

この和 $1^3+2^3+3^3+\cdots+n^3$ を表す式を見ると,n の 4 次式になっています。また,$1^2+2^2+3^2+\cdots+n^2$ は,$\frac{n(n+1)(2n+1)}{6}$ なので n の 3 次式です。

一般項が n^4 や n^5 の場合も同じような方法で初項から第 n 項までの和を求めることができます。しかも,$1^4+2^4+3^4+\cdots+n^4$ を表す式は n の 5 次式,$1^5+2^5+3^5+\cdots$

第2章　基本的な数列

$+n^5$ を表す式は n の 6 次式になります。つまり，1 の k 乗から n の k 乗までの和を表す式は n の $k+1$ 次式になっているのです。

> 一般項が n^k の数列 ―→ n の $k+1$ 次式
> 　　　和を作る

■和の面白い求め方

ところで，

$$1^2+2^2+\cdots+n^2=\frac{n(n+1)(2n+1)}{6}$$

$$1^3+2^3+\cdots+n^3=\left\{\frac{n(n+1)}{2}\right\}^2$$

には，面白い求め方が知られているので，次にそれを紹介します。まず，$1^2+2^2+\cdots+n^2$ の方ですが，図のようなビリヤードを想定してください。

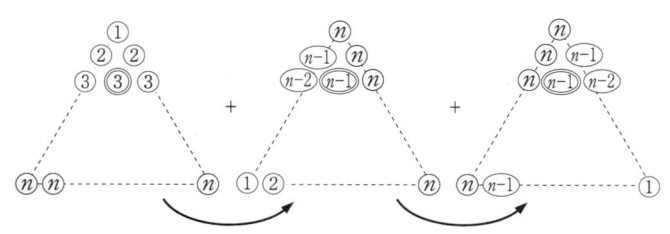

図13　ビリヤードのボールで作った三角形を考えると

1段目に1と書かれたボールが1個，2段目には2と書かれたボールが2個，…というように n 段目までボールを三角形状に並べ，さらにそれを回転させたものを2つ考えます。

　いちばん左に三角形状に置かれたボールに書かれた数字をすべて加えると

$$1 \times 1 + 2 \times 2 + 3 \times 3 + \cdots + n \times n = 1^2 + 2^2 + \cdots + n^2$$

と求めたい2乗の和になります。一方で，3個の三角形の一番上のボールに書かれた数の和は

$$1 + n + n = 2n + 1$$

で，これは，どの位置にある3個を考えてもこの同じ値 $2n+1$ になります。例えば，図の◎の部分では

$$3 + (n-1) + (n-1) = 2n + 1$$

です。このことは，左の三角形では左下に下がっても右下に下がっても数字が1増えますが，中央の三角形では，左下に下がったときは1減り，右下に下がったときは変わらず，また，右の三角形では，左下に下がったときに変わらず，右下に下がったときに1減ることから判ります。つまり，3個の三角形で左下に下がっても右下に下がっても合計としては変わりません。

　ところで，各三角形にはボールが何個あるでしょうか？ここで，和の公式 $1 + 2 + \cdots + n = \dfrac{n(n+1)}{2}$ を使うと，個

数は $\frac{n(n+1)}{2}$ であることが判ります。以上から，ボールに書かれた数をすべて加えると

$$(2n+1) \times \frac{n(n+1)}{2} = \frac{n(n+1)(2n+1)}{2}$$

となりますが，これは3個の三角形のすべてのボールに書かれた数の和ですから1個の三角形だけを考えると，ボールに書かれた数の合計は，この値を3で割って

$$\frac{n(n+1)(2n+1)}{6}$$

となります。これが求める2乗和でした。

次に $1^3+2^3+\cdots+n^3$ を考えます。このときは九九の表のようなもの，実際は $n \times n$ の表を考えます。

ここで，表で影を付けたカギ形の部分を考えます。表で

×	1	2	$\cdots$	k	$\cdots$	n
1	1×1	1×2		$1 \times k$		$1 \times n$
2	2×1	2×2		$2 \times k$		$2 \times n$
$\cdots$						
k	$k \times 1$	$k \times 2$		$k \times k$		$k \times n$
$\cdots$						
n	$n \times 1$	$n \times 2$		$n \times k$		$n \times n$

は k の段に影を付けていますが，$k=1$ のときは 1×1 だけなので，そこに書かれている数字は 1 のみです．次に $k=2$ のときは，

$$2\times 1+2\times 2+1\times 2=8=2^3$$

です．一般に k の段のときも，$1+2+\cdots+n$ の公式を使って

$$\begin{aligned}
&k\{1+2+\cdots+(k-1)\}+(k\times k)+\{1+2+\cdots+(k-1)\}k \\
&=k\frac{(k-1)k}{2}+k^2+\frac{(k-1)k}{2}k \\
&=k^2(k-1)+k^2 \\
&=k^3
\end{aligned}$$

となります．つまり，上の表に書かれた数をすべて加えると，求める和

$$1^3+2^3+\cdots+n^3$$

になり，これが計算したい式です．

一方で，表に書かれた数はかけ算の答なので，1×1，1×2，…などです．書かれたすべての数の和は

$$1\times 1+1\times 2+1\times 3+\cdots+n\times(n-1)+n\times n$$

ですが，これは

$$(1+2+\cdots+n)\times(1+2+\cdots+n)$$

を展開したときに現れるものと同じです。この式は，和の公式 $1+2+\cdots+n=\dfrac{n(n+1)}{2}$ を使うと

$$(1+2+\cdots+n)(1+2+\cdots+n)=\left\{\dfrac{n(n+1)}{2}\right\}^2$$

と計算できるので，

$$1^3+2^3+\cdots+n^3=\left\{\dfrac{n(n+1)}{2}\right\}^2$$

が得られました。

第3章 帰納的定義と数学的帰納法

§1 帰納的定義と漸化式
■数列$\{a_n\}$を見つけよう

ここではまず,次の例1のように,一般項a_{n+1}がa_nを用いて$a_{n+1}=a_n+3$と表されている数列を考えてみましょう。

例1 $a_1=1$, $a_{n+1}=a_n+3$, $n\geq 1$

これは,初項a_1が1で,第n項a_nに3を足すと,その次の数(第$n+1$項a_{n+1})になるという意味です。数列は初項a_1から始まるので,$a_{n+1}=a_n+3$は,$n=1$とした式$a_2=a_1+3$から始めます。そのため,この式では$n\geq 1$としています。

また,このように式を$n\geq 1$として考えると,第2項は$a_{n+1}=a_n+3$で$n=1$として$a_2=a_1+3=1+3=4$,第3項は$n=2$として$a_3=a_2+3=4+3=7$,…と計算することができます。

この数列は,第n項a_nに一定の数3を足したものが次の第$n+1$項a_{n+1}なので,第2章で見た等差数列であることが分かります。初項が1,公差が3なので,一般項a_nは

$$a_n = 1 + 3(n-1) = 3n - 2$$

と表されます。

次の例も見てみましょう。

例2 $a_1 = 3$, $a_{n+1} = 2a_n$, $n \geq 1$

これは、初項 a_1 が3で、第 n 項 a_n を2倍すると、その次の数（第 $n+1$ 項 a_{n+1}）になるという意味です。この数列は、$a_2 = 2a_1 = 2 \times 3$, $a_3 = 2a_2 = 2 \times 2 \times 3$, … となるので、初項3, 公比2の等比数列です。これも第2章で一般項が $a_n = 3 \times 2^{n-1}$ と表されることを見ました。

では、次の例はどうでしょう。

例3 $a_1 = 2$, $a_{n+1} = 2a_n - 1$, $n \geq 1$

これは、初項 a_1 が2で、第 n 項 a_n を2倍して1を引くと、その次の数（第 $n+1$ 項 a_{n+1}）になるという意味です。この数列の第2項は、$a_{n+1} = 2a_n - 1$ で $n = 1$ として

$$a_2 = 2a_1 - 1 = 2 \times 2 - 1 = 3$$

と計算できます。同様に第3項 a_3 は直前の数 $a_2 = 3$ を使って

$$a_3 = 2a_2 - 1 = 2 \times 3 - 1 = 5$$

第4項 a_4 は直前の数 $a_3 = 5$ を使って

$$a_4 = 2a_3 - 1 = 2 \times 5 - 1 = 9$$

と計算できます。このように順に a_n が求まっていくので、例えば、第100項を知りたければ、これを a_{100} まで繰り返せば求まります。

また、次の例のように、直前の2項を使ってその次の項が計算できる数列もあります。

例4　$a_1 = 2$, $a_2 = 3$, $a_{n+2} = 5a_{n+1} - 6a_n$, $n \geq 1$

これは、初項 a_1 が 2、第2項 a_2 は 3 で、第 n 項 a_n の次の数（第 $n+1$ 項 a_{n+1}）の 5 倍から、第 n 項 a_n の 6 倍を引くと、第 n 項の次の次の数（第 $n+2$ 項 a_{n+2}）になるという意味です。

この例では、初項と第2項が分かっていて、第3項からは式 $a_{n+2} = 5a_{n+1} - 6a_n$ で $n=1$ の場合、$n=2$ の場合、… を使って

$$a_3 = 5a_2 - 6a_1 = 5 \times 3 - 6 \times 2 = 15 - 12 = 3$$
$$a_4 = 5a_3 - 6a_2 = 5 \times 3 - 6 \times 3 = 15 - 18 = -3$$

と計算できるので、やはり、これを繰り返せば、第100項も第150項も計算できます。

このように、最初の何項かの値を指定し、そこから先の項を順に計算する方法を決めることによって、数列 $\{a_n\}$ を定める定義方法を数列の**帰納的定義**といいます。帰納というのは「個々に調べてみる」という意味をもっています。また、そのとき a_{n+1} や a_{n+2} を a_n, a_{n+1} などを用い

$$a_2 = 3 \quad a_1 = 2$$

$$a_3 = 5a_2 - 6a_1$$

$$a_4 = 5a_3 - 6a_2$$

$$a_5 = 5a_4 - 6a_3$$

………………

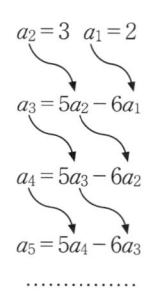

図14　漸化式の仕組み

て表した

$$a_{n+1} = 2a_n - 1, \quad n \geq 1$$
$$a_{n+2} = 5a_{n+1} - 6a_n, \quad n \geq 1$$

などの式を**漸化式**といいます。

　上の例1，例2，例3では，第 $n+1$ 項 a_{n+1} は，そのひとつ前の数（第 n 項 a_n）が分かれば計算できました。しかし，例4では，第 $n+2$ 項 a_{n+2} はひとつ前の a_{n+1} とふたつ前の a_n を使って計算されるので，第2項 a_2 は初項だけからは計算されません。つまりこの場合は，初項 a_1 だけでなく第2項 a_2 の値も指定する必要があります。初項 a_1 と第2項 a_2 の値を指定すれば，第3項，第4項，…が漸化式を使って順に計算できることになります。そのため，この例では第2項も定めているのです。初項から第何項目までの値を指定する必要があるのかは，漸化式によ

って違います。

■漸化式から一般項の式へ

第2章では,一般項 a_n が n の式で表されている例を見ました。そのような例では,例えば第100項を知りたければ,一般項の式に $n=100$ を代入することでその値を計算できました。

しかし,上の例では,最初の何項かは分かっていますが,一般的な項は,そのひとつ前の項やふたつ前の項との関係が示されているだけなので,直接 n に数を代入して値を計算することはできません。

例3や例4の場合も,例1や例2の等差数列や等比数列の場合のように一般項を n の式で表す方法がわかれば,その式の n に数を代入してどの項も計算できます。

では,漸化式で帰納的に定義された数列の一般項を n の式で表すことはできるのでしょうか?

実は,帰納的に定義された数列の一般項を求める絶対的な方法はありません。しかし,漸化式の形に応じて様々な方法が考え出されていて,それらをうまく使いながら一般項にたどり着くことになります。与えられた漸化式から一般項を求めることを,**漸化式を解く** といいます。

漸化式を解くときには,パズルを解くような面白さがあります。方程式を解くときの因数分解に似たようなテクニックが必要なのですが,そのテクニックはたいへん理にかなったものです。そのあたりのテクニックの背景も見なが

ら，漸化式というパズルの解法に迫ります。

例 1 の $a_1=1$, $a_{n+1}=a_n+3$, $n \geq 1$ や例 2 の $a_1=3$, $a_{n+1}=2a_n$, $n \geq 1$ は，上で見たように，それぞれ等差数列と等比数列です。等比数列，等差数列はもともと帰納的に定義された数列なのです。そして，その一般項は第 2 章で求めました。つまり，第 2 章では等比数列，等差数列についての漸化式をすでに解いていたことになります。そして，実は一般の漸化式を解くときの最大のポイントは，等比数列か等差数列の場合，つまりすでに漸化式の解き方を知っている場合に，どうにかして帰着させることなのです。

■簡単な隣接 2 項間漸化式を解こう

では，例 3 の漸化式では，どのようにして一般項が計算できるのでしょう？

例 3 $a_1=2$, $a_{n+1}=2a_n-1$, $n \geq 1$

これは，第 $n+1$ 項，第 n 項という隣り合う 2 項の関係が与えられている漸化式で**隣接 2 項間漸化式**と呼ばれています。例 1，例 2 の等差数列と等比数列を与える漸化式も隣接 2 項間漸化式です。

例 3 の漸化式では，等比数列を与える漸化式（例 2）に定数の -1 が付いています。このときは，a_n を少しずらして等比数列型の漸化式に変形できます。実際，この漸化式は

$$a_{n+1}-1=2(a_n-1)$$

と変形できるので、数列$\{a_n-1\}$は公比2の等比数列であることが判ります。また、$\{a_n-1\}$の初項は$a_1-1=2-1=1$です。したがって、数列$\{a_n-1\}$の一般項は$a_n-1=1\cdot 2^{n-1}$となります。つまり、このときは

$$a_n=2^{n-1}+1$$

と一般項a_nが求まります。

■漸化式変形のポイント

しかし、この例ではうまく変形できましたが、いつもこのような変形ができるのでしょうか。

この例ではa_n-1のようにa_nから1を引くことがポイントでしたが、なぜ、この「1を引く」ことを思いついたのでしょうか？ ここで、逆の発想で$a_n-\alpha$のようにa_nから定数αを引くことで、等比数列型の漸化式

$$a_{n+1}-\alpha=2(a_n-\alpha)$$

に変形できるかどうかを考えてみます。このときの公比は漸化式でのa_nの係数の2になっているはずです。例3の場合はこの式を展開した

$$a_{n+1}-\alpha=2a_n-2\alpha \quad \text{つまり} \quad a_{n+1}=2a_n-\alpha$$

と、元の漸化式が一致するようなαが求まればよいので、この式と漸化式を見比べて$-\alpha=-1$、つまり$\alpha=1$であ

ることが判ります。

このことを一般的な隣接 2 項間漸化式

初項が a_1, $a_{n+1}=pa_n+q$, $n\geq 1$, p, q は定数, $p\neq 1$

で確認しておきましょう。ここで, $p=1$ のときは, 漸化式は $a_{n+1}=a_n+q$ となり, 公差 q の等差数列を表しているので除外して ($p\neq 1$) 考えることにします。

$a_{n+1}-\alpha=p(a_n-\alpha)$ つまり $a_{n+1}=pa_n-p\alpha+\alpha$

と与えられた漸化式

$$a_{n+1}=pa_n+q$$

を見て, 定数項を比べると

$$q=-p\alpha+\alpha=\alpha(1-p)$$

となり, この式から

$$\alpha=\frac{q}{1-p}$$

とすればよいことが判ります。このとき数列 $\{a_n-\alpha\}$ は, $a_{n+1}-\alpha=p(a_n-\alpha)$ より, 公比 p の等比数列となり, その初項は

$$a_1-\alpha=a_1-\frac{q}{1-p}$$

なので,

$$a_n - \frac{q}{1-p} = \left(a_1 - \frac{q}{1-p}\right)p^{n-1}$$

よって

$$a_n = \left(a_1 - \frac{q}{1-p}\right)p^{n-1} + \frac{q}{1-p}$$

と一般項が求まります。

■隣接2項間漸化式の特性方程式

実は，α が満たす式

$$q = \alpha(1-p), \quad \text{つまり,} \quad \alpha = p\alpha + q$$

は漸化式 $a_{n+1} = pa_n + q$ の a_{n+1} と a_n に α を代入して得られる式です。漸化式の a_{n+1} と a_n に x を入れて得られる式 $x = px + q$ を漸化式 $a_{n+1} = pa_n + q$ の**特性方程式**といいます。特性方程式の解 $x = \alpha$ が漸化式の変形に使えることを知っていれば，天下り式に $a_{n+1} - \alpha = p(a_n - \alpha)$ と漸化式を変形できます。

隣接2項間漸化式 $a_1 = a$, $a_{n+1} = pa_n + q$, $n \geq 1$, ただし，p, q は定数で，$p \neq 1$ で帰納的に定義される数列 $\{a_n\}$ に対しては，この漸化式の特性方程式 $x = px + q$ を考えましょう。特性方程式の解 $\frac{q}{1-p}$ を α とおくと，数列 $\{a_n - \alpha\}$ は公比 p の等比数列になります。

このタイプの漸化式をもうひとつ解いてみましょう。

漸化式 $a_1=4$, $a_{n+1}=3a_n-4$, $n\geq 1$ で定義された数列 $\{a_n\}$ の一般項を求めましょう。

特性方程式は漸化式で a_{n+1} と a_n に x を代入して $x=3x-4$ となるので，その解 $x=2$ を使って漸化式は $a_{n+1}-2=3(a_n-2)$ と変形できます。このとき数列 $\{a_n-2\}$ は，初項 $a_1-2=4-2=2$，公比 3 の等比数列なので，$a_n-2=2\times 3^{n-1}$ となります。したがって，$a_n=2\times 3^{n-1}+2$ と一般項が表されます。

問 1 漸化式 $a_1=1$, $a_{n+1}=-2a_n+6$, $n\geq 1$ で定義された数列 $\{a_n\}$ の一般項を求めよ。

■特性方程式の謎

特性方程式の解 $x=\alpha$ を使って漸化式を変形する方法はどのようにして見つけられたのでしょうか。もちろん，漸化式を眺めていて，あるとき突然変形方法を思い付いた人もいるかもしれません。試行錯誤の末見つけた人もいたでしょう。しかし，実際に特性方程式を使う方法が見つかってしまうと，それは実に自然な方法で，なぜ今まで気づかなかったのだろうと考えてしまうほどです。

事実，特性方程式は，数列 $\{a_n\}$ の動きに注目し，この数列にとって何が大切なのかを考えると自然に出てくるものなのです。漸化式

$$a_{n+1}=pa_n+q$$

を，a_n を入力（インプット）して a_{n+1} を出力（アウトプット）させる式だと思うと，1次関数 $y=px+q$ と同じです。1次関数も x というインプットから，y というアウトプットを引き出す式です。この $y=px+q$ のグラフを用いて数列$\{a_n\}$ を数直線（x 軸）上に図示することができます。

例として，初項 $a_1=2$，$a_{n+1}=2a_n-1$ の場合を考えてみましょう。

まず，初項である2を x 軸上に図示します。次に，$x=2$ を $y=2x-1$ に代入し，$y=3$ としてアウトプットの $a_2=3$ が得られます。第2項であるこの値3を x 軸上に書き入れましょう。しかし，この値3は，$y=2x-1$ の y の値

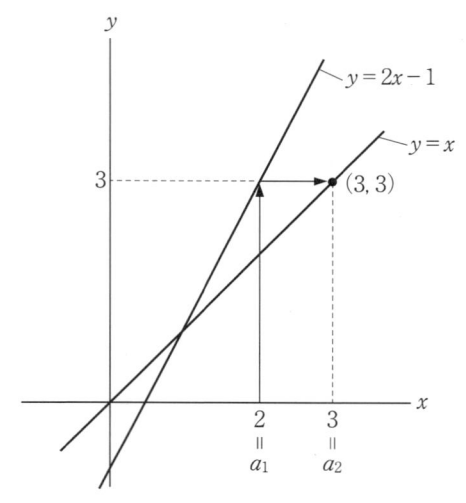

図15　直線 $y=x$ を使って a_2 を求める

として $y=3$ として計算されたものでした。これを x 軸上に x の値として図示するには，y の値を x の値に移すのですから，直線 $y=3$ と $y=x$ の交点 $(3, 3)$ を求め，そこから y 軸に平行な直線 $x=3$ を引いて x 軸との交点 $(3, 0)$ をとることになります。

次に，$a_2=3$ をインプットとして，$y=2x-1$ からアウトプットとして $a_3=5$ を得ます。これも $x=3$ に対して $y=5$ を得たので，この値 5 を x 軸上に図示するために，直線 $y=5$ と $y=x$ の交点 $(5, 5)$ を求め，そこから y 軸に平行な直線 $x=5$ を引いて x 軸との交点 $(5, 0)$ をとることになります。このような操作を繰り返していくと，次のような図ができ上がります。

この図を見ると，この数列は $x=1$ を中心として増加していく様子が判ります。また，初項 a_1 が $a_1<1$ を満たしていれば，$x=1$ を中心に左へ（つまり減少して）いきます。そして初項が 1 なら，$y=x$ で次に移しても 1 なので，

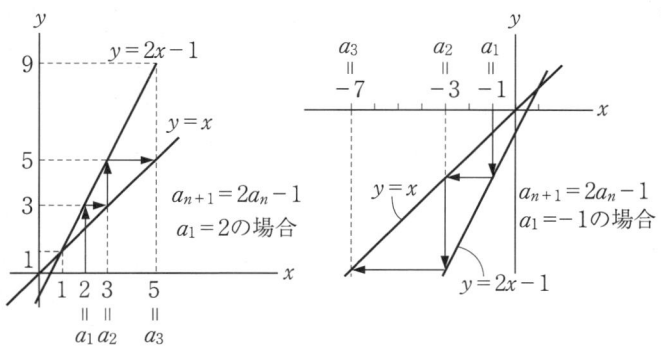

図16　$y=x$ を使えば階段のように数列が求まる

一般項が常に1である数列になります。このように，$x=1$ はこの漸化式にとってたいへん重要な性質の分岐点なのです。

ここで等比数列を思い出しましょう。等比数列は漸化式が $a_{n+1}=2a_n$ のような数列です。この場合は公比2を比例定数として増加していく数列です。これについても上のような操作で図を描くと下のようになります。

図のように等比数列にとっては，$y=2x$ と $y=x$ の交点である原点が大切な点になります。

ということは，漸化式が $a_{n+1}=2a_n-1$ である数列の中心は1だと思って $\{a_n\}$ の代わりに1だけずらした $\{a_n-1\}$

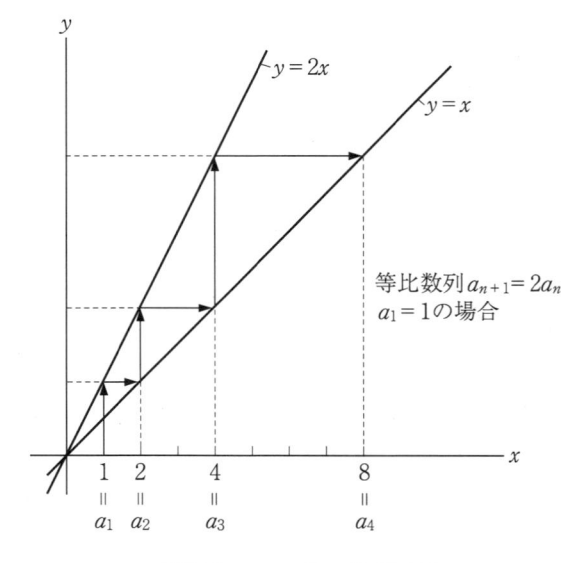

図17　$a_{n+1}=2a_n$ のグラフ

を考えれば，$\{a_n-1\}$ は 0 が中心の数列，つまり，「等比数列であろう」というわけです。しかも，このときの「中心である 1」は，「平衡点」（$a_1=a_2=\cdots=a_n=a_{n+1}=\cdots=1$ という状態になる値）に対応しているので，$a_{n+1}=a_n$ と漸化式 $a_{n+1}=2a_n-1$ から得ることができます。

このように漸化式の平衡点に着目し，そこを中心と考えることで等比数列に帰着させる方法はたいへん理にかなったものといえます。

■隣接 3 項間漸化式の特性方程式

次に例 4 の漸化式を考えます。例 4 の漸化式

$$a_1=2,\ a_2=3,\ a_{n+2}=5a_{n+1}-6a_n,\ n\geq 1$$

は，a_{n+2}，a_{n+1}，a_n という隣り合った 3 項の関係が与えられているので，**隣接 3 項間漸化式**といいます。

隣接 3 項間漸化式は，教科書では触れないことが多い漸化式です。しかし，その解法には数列の基本的な考え方がいくつも使われるので，これを学ぶことは数列をより深く理解するのに役立つであろうと思い，取り上げました。

この漸化式も隣接 2 項間漸化式のように，何らかの方法で等比数列の形に帰着できないかを考えましょう。

しかも例 4 の漸化式は，等比数列の漸化式（$a_{n+1}=2a_n$）のように，数列に現れる，a_{n+1} や a_n を含む項しかありません。例 3 の漸化式（$a_{n+1}=2a_n-1$）にあるような数列 $\{a_n\}$ を含まない項（例 3 の漸化式の場合は -1 という定数の項）がないのです。ということは，例 3 のよう

な「a_n をずらす」こと，つまり，数列 $\{a_n-1\}$ を考えることをしなくてもよい可能性が高いといえます。

実際に，この漸化式を満たす等比数列があるのかを考えてみるために，等比数列の一般項の式である $a_n=a_1 r^{n-1}$ ($n=1, 2, \cdots, r\neq 0$) を例4の漸化式に代入してみると

$$a_1 r^{n+1}=5a_1 r^n-6a_1 r^{n-1}$$

となります。さらに，この両辺を $a_1 r^{n-1}$ で割ることで，r は

$$r^2=5r-6$$

を満たさなければならないことが判ります。つまり，r は2次方程式 $x^2=5x-6$ の解です。これは漸化式 $a_{n+2}=5a_{n+1}-6a_n$ で，a_{n+2} を x^2，a_{n+1} を x，a_n を1でおき換えて得られる2次方程式で，隣接3項間漸化式の**特性方程式**と呼ばれています。

例4の漸化式の特性方程式

$$x^2=5x-6$$

は，

$$(x-2)(x-3)=0$$

と変形できるので，$x=2$ と $x=3$ が解になります。

それでは，$x=2$ の場合にどうなるか，つまり，等比数列 $\{2^{n-1}\}$ が漸化式

$$a_{n+2}=5a_{n+1}-6a_n, \quad n\geq 1$$

を満たすかどうかを確かめてみます。実際，第 n 項 $a_n=2^{n-1}$ と第 $n+1$ 項 $a_{n+1}=2^n$ を右辺に代入すると，

$$5a_{n+1}-6a_n=5\times 2^n-6\times 2^{n-1}$$
$$=2^{n-1}(\underline{5\times 2-6})=2^{n-1}\times \underline{2^2}=2^{n+1}$$

となり，左辺の第 $n+2$ 項 $a_{n+2}=2^{n+1}$ を得ます。ここで，$x=2$ は2次方程式

$$x^2=5x-6$$

の解なので $2^2=5\times 2-6$ となることを使っています。

もうひとつの解 $x=3$ についても同じように，等比数列 $\{3^{n-1}\}$ が漸化式 $a_{n+2}=5a_{n+1}-6a_n$ を満たすことを確かめることができます。

> 漸化式 $a_{n+2}=5a_{n+1}-6a_n$ の特性方程式 $x^2=5x-6$ の解を $x=r$ とすると，公比 r の等比数列はこの漸化式を満たします。

■隣接3項間漸化式を解く

そこで次に問題となるのが，上のような等比数列以外にこの漸化式を満たす数列があるのか，ということです。

結論からいうと，特性方程式が異なる2つの解をもつときは，特性方程式の解を公比とする等比数列の組み合わせを考えるだけで十分です。このことは次のようにして判り

ます。

例4の場合，特性方程式は $x=2$ と $x=3$ という異なる2解をもちます。このとき，漸化式は，2次方程式 $x^2=5x-6$，つまり，$x^2-5x+6=0$ の解と係数の関係

$$2+3=5, \quad 2\times 3=6 \qquad ☆$$

を使うと

$$\begin{aligned}a_{n+2}&=5a_{n+1}-6a_n\\&=(2+3)a_{n+1}-(2\times 3)a_n=2a_{n+1}+3(a_{n+1}-2a_n)\end{aligned}$$

と変形され，

$$a_{n+2}-2a_{n+1}=3(a_{n+1}-2a_n), \quad n\geq 1 \qquad ①$$

となります。この①から，$a_{n+1}-2a_n$ をひとつのかたまりと考えると $\{a_{n+1}-2a_n\}$ が公比3の等比数列であることが判ります。したがって等比数列の一般項の公式を使うと

$$a_{n+1}-2a_n=(a_2-2a_1)3^{n-1}, \quad n\geq 1 \qquad ②$$

が得られます。ここで，等比数列 $\{a_{n+1}-2a_n\}$ の初項は a_2-2a_1 であり，②の左辺はこの数列の第 n 項目，つまり初項に公比3を $n-1$ 回かけて得られる値であることに注意してください。

上の操作は☆から2と3を入れ替えても可能なので，②で2と3を入れ替えた式

$$a_{n+1}-3a_n=(a_2-3a_1)2^{n-1}, \quad n\geq 1 \qquad ③$$

も成り立ちます。ここで②式から③式を引くと左辺の a_{n+1} の部分が消えて

$$a_n = (a_2 - 2a_1)3^{n-1} - (a_2 - 3a_1)2^{n-1}, \quad n \geq 1$$

となり，条件である $a_1 = 2$，$a_2 = 3$ から，一般項が

$$a_n = -1 \times 3^{n-1} + 3 \times 2^{n-1}, \quad n \geq 1$$

と求まります。この形から，a_n は公比2の等比数列と公比3の等比数列の和の形になっていることも判ります。つまり，特性方程式が異なる2解をもつとき，隣接3項間漸化式を満たす数列の一般項は，等比数列の和の形になるのです。

いま求めた，一般項が $a_n = -1 \times 3^{n-1} + 3 \times 2^{n-1}$ である数列が，実際に漸化式

$$a_1 = 2, \quad a_2 = 3, \quad a_{n+2} = 5a_{n+1} - 6a_n, \quad n \geq 1$$

を満たすことを確認しましょう。

一般項の式で n に1，2を代入すると

$$a_1 = -1 + 3 = 2, \quad a_2 = -1 \times 3 + 3 \times 2 = 3$$

となるので初項と第2項の値が正しいことが分かります。さらに

$$a_{n+1} = -1 \times 3^n + 3 \times 2^n$$
$$a_n = -1 \times 3^{n-1} + 3 \times 2^{n-1}$$

を漸化式の右辺に代入すると，

$$5a_{n+1}-6a_n = 5(-1\times 3^n+3\times 2^n)-6(-1\times 3^{n-1}+3\times 2^{n-1})$$
$$= -1(5\times 3^n-6\times 3^{n-1})+3(5\times 2^n-6\times 2^{n-1})$$

となります。等比数列 $\{3^{n-1}\}$ と $\{2^{n-1}\}$ が漸化式 $a_{n+2}=5a_{n+1}-6a_n$, $n\geq 1$ を満たすことはすでに確かめていたので,上の式は

$$-1\times 3^{n+1}+3\times 2^{n+1}$$

と変形することができ,これは漸化式の左辺 a_{n+2} になります。

■一般の隣接3項間漸化式

上のことは,一般の隣接3項間漸化式

$$a_1=a,\ a_2=b,\ a_{n+2}=pa_{n+1}+qa_n,$$
$$n\geq 1 \quad (p,\ q は定数)$$

でも成り立ちます。この漸化式の特性方程式は,漸化式で a_{n+2} を x^2, a_{n+1} を x, a_n を 1 とした

$$x^2=px+q$$

です。この方程式が異なる2つの解 α, β をもてば,上と同じように解と係数の関係 $\alpha+\beta=p$, $\alpha\beta=-q$ を使って,漸化式 $a_{n+2}=(\alpha+\beta)a_{n+1}-\alpha\beta a_n$ は,①に相当する式

$$a_{n+2}-\alpha a_{n+1}=\beta(a_{n+1}-\alpha a_n),\ n\geq 1$$

に変形され，②③に相当する式は

$$a_{n+1} - \alpha a_n = (a_2 - \alpha a_1)\beta^{n-1}, \quad n \geq 1$$
$$a_{n+1} - \beta a_n = (a_2 - \beta a_1)\alpha^{n-1}, \quad n \geq 1$$

となります。このふたつの式の上の式から下の式を引くと左辺の a_{n+1} が消えて

$$(\beta - \alpha)a_n = (a_2 - \alpha a_1)\beta^{n-1} - (a_2 - \beta a_1)\alpha^{n-1}, \quad n \geq 1$$

となり，$\alpha \neq \beta$ から両辺を $\beta - \alpha$ で割ると

$$a_n = \frac{(a_2 - \alpha a_1)\beta^{n-1} - (a_2 - \beta a_1)\alpha^{n-1}}{\beta - \alpha}, \quad n \geq 1$$

となります。

ここで，a_1，a_2，α，β は定数なので，やはり，一般項は公比 α の等比数列と公比 β の等比数列の和の形をしていることが判ります。

ここまでをまとめると次のようになります。

隣接 3 項間漸化式

$$a_1 = a, \quad a_2 = b, \quad a_{n+2} = pa_{n+1} + qa_n, \quad n \geq 1$$

で帰納的に定義される数列 $\{a_n\}$ に対しては，この漸化式で a_{n+2} を x^2，a_{n+1} を x，a_n を 1 とおいた特性方程式 $x^2 = px + q$ を考えましょう。特性方程式が異なるふたつの解 α，β をもつとき，漸化式を満たす数列の一般項は公比 α，β の等比数列の和の形

$$a_n = s\alpha^{n-1} + t\beta^{n-1}$$

になります。ここで s, t は定数です。

上の事実が分かっているなら，$a_n = s\alpha^{n-1} + t\beta^{n-1}$ で $n=1$, $n=2$ とした式

$$a_1 = s + t = a$$
$$a_2 = s\alpha + t\beta = b$$

を s, t についての連立方程式だと思って計算すれば一般項が判ります。

例えば，漸化式 $a_1 = 5$, $a_2 = 4$, $a_{n+2} = 7a_{n+1} - 10a_n$, $n \geq 1$ の特性方程式は $x^2 = 7x - 10$ なので，$(x-2)(x-5) = 0$ と変形して解は $\alpha = 2$, $\beta = 5$ となります。したがって，一般項は $a_n = s \times 2^{n-1} + t \times 5^{n-1}$ となって，あとは定数 s, t を求めるだけです。初項と第 2 項の条件，つまり，$n=1$, $n=2$ を代入して得られる

$$s + t = 5$$
$$2s + 5t = 4$$

を解くと $s = 7$, $t = -2$ となるので，この漸化式で定義される数列の一般項は

$$a_n = 7 \times 2^{n-1} - 2 \times 5^{n-1}$$

であることが判ります。

■特性方程式が重解をもつとき

隣接3項間漸化式の特性方程式が重解をもつときは状況が少し複雑です。

例として,$a_1=2$,$a_2=4$,$a_{n+2}=6a_{n+1}-9a_n$,$n \geq 1$ の場合を解いてみましょう。

まず,特性方程式は,a_{n+2} を x^2,a_{n+1} を x,a_n を 1 で置き換えて得られるので

$$x^2-6x+9=0, \quad つまり, \quad (x-3)^2=0$$

となり,$x=3$ という重解をもちます。この場合も,特性方程式を解と係数の関係を使って

$$a_{n+2}=(3+3)a_{n+1}-3 \times 3a_n, \quad n \geq 1$$

とすることで,最終的に

$$a_{n+2}-3a_{n+1}=3(a_{n+1}-3a_n), \quad n \geq 1$$

と変形できます。この式から,$\{a_{n+1}-3a_n\}$ は公比 3 の等比数列であることが分かり,等比数列の一般項の公式から

$$a_{n+1}-3a_n=(a_2-3a_1)3^{n-1}, \quad n \geq 1$$

となります。ここまでは,特性方程式が異なるふたつの解をもつ場合と同じです。

しかし,重解の場合はこの式ひとつしか得られないので,ここからは同じ方法が使えません。そこで思い出したいのは,等比数列の和を求めるときに使った,公比の 3 をかけてず・ら・す・という方法です。

まず、この式の n を $n=1, 2, \cdots, n-1$ とした式を順に書いてみましょう。合計 $n-1$ 個の式です。ただし、$n-1 \geq 1$、つまり $n \geq 2$ と考えています。

$$a_2 - 3a_1 = (a_2 - 3a_1)3^0$$
$$a_3 - 3a_2 = (a_2 - 3a_1)3^1$$
$$\cdots$$
$$a_{n-1} - 3a_{n-2} = (a_2 - 3a_1)3^{n-3}$$
$$a_n - 3a_{n-1} = (a_2 - 3a_1)3^{n-2}$$

ここで上の式の左辺と右辺をそれぞれ足し合わせるのですが、このまま足しても相殺する部分はありません。ところが、それぞれの式に 3 の累乗をかけてから加えるとうまく相殺させることができます。上の最初の式の両辺に 3^{n-2}、次の式の両辺に 3^{n-3}、…、と順に 3 の累乗をかけていきます。最後から 2 番目の式の両辺には 3 をかけ、最後の式はそのままにします。こうして得られるすべての式を足し合わせるのです。

まずは、3 の累乗を両辺にかけた式を書いてみます。

$$3^{n-2}a_2 - 3^{n-1}a_1 = (a_2 - 3a_1)3^{n-2}$$
$$3^{n-3}a_3 - 3^{n-2}a_2 = (a_2 - 3a_1)3^{n-2}$$
$$\cdots$$
$$3a_{n-1} - 3^2 a_{n-2} = (a_2 - 3a_1)3^{n-2}$$
$$a_n - 3a_{n-1} = (a_2 - 3a_1)3^{n-2}$$

この $n-1$ 個の式の右辺、左辺どうしを加えると、左辺では、多くの項が相殺されて $a_n - 3^{n-1}a_1$ だけが残り、右辺

は一定なので

$$a_n - 3^{n-1}a_1 = (n-1)(a_2 - 3a_1)3^{n-2}, \quad n \geq 2$$

となり，これから

$$a_n = a_1 3^{n-1} + (n-1)(a_2 - 3a_1)3^{n-2}, \quad n \geq 2$$

であることが分かります。

最後に，条件 $a_1 = 2$，$a_2 = 4$ を入れて，一般項が

$$a_n = 2 \times 3^{n-1} + (n-1) \times (-2) \times 3^{n-2}$$

と求まります。さらに，右辺で $n=1$ とすると 2 になるので，この式は $n=1$ のときも成り立ちます。

上のように，…で表される部分をうまく相殺させて一般項 a_n と定数だけを残す方法は，数列の考察でよく使われる方法なのです。

ところで，この一般項は公比 3 の等比数列 $\{2 \times 3^{n-1}\}$ と，公比 3 の等比数列と $n-1$ の積である数列
$\{(n-1) \times (-2) \times 3^{n-2}\}$ の和の形をしていることが判ります。

特性方程式が重解をもつ場合をまとめると次のようになります。

隣接 3 項間漸化式

$$a_1 = a, \quad a_2 = b, \quad a_{n+2} = pa_{n+1} + qa_n, \quad n \geq 1$$

で帰納的に定義される数列 $\{a_n\}$ に対しては，この漸

化式で a_{n+2} を x^2, a_{n+1} を x, a_n を 1 とおいた特性方程式 $x^2=px+q$ を考えます。特性方程式が重解 α をもつとき，漸化式を満たす数列の一般項は公比 α の等比数列と数列$\{$定数$\times(n-1)\alpha^{n-2}\}$の和の形

$$a_n = s\alpha^{n-1} + t(n-1)\alpha^{n-2}$$

になります。ここで s, t は定数です。

コラム：フィボナッチ数列

漸化式

$$a_{n+2} = a_{n+1} + a_n, \quad n \geq 1$$

を満たす数列をフィボナッチ数列といいます。初項と第2項は

$$a_1 = a_2 = 1$$

と定めていることが多いようです。以下，

$a_3=2$, $a_4=3$, $a_5=5$, $a_6=8$, $a_7=13$, $a_8=21$, $\cdots$

と続きます。

フィボナッチは12世紀から13世紀にイタリアのピサにいた人で，レオナルド・フィボナッチ（Leonardo Fibonacci）がフルネームです。ヨーロッパでは，ローマ帝国の時代頃からあまり文化や学術に進歩がなかった

といわれており,その間はむしろ西アジアやインドが学術発展の中心でした。アラビアで書かれた重要な数学書もあります。フィボナッチは,このような西アジアを中心に発展した数学を書物にまとめ,ヨーロッパに紹介した人です。また,彼自身が考えた数学の問題も多くあり,上のフィボナッチ数列は,ウサギの増える状態を表すために考え出されたといわれています。その後,自然界の様々な現象を記述するのにフィボナッチ数列が有効であることが指摘され,注目されました。

フィボナッチ数列の漸化式の特性方程式は

$$x^2-x-1=0$$

なので,そのふたつの解は

$$\alpha=\frac{1+\sqrt{5}}{2},\ \beta=\frac{1-\sqrt{5}}{2}$$

となります。初項と第 2 項がともに 1 であれば,一般項は

$$a_n=\frac{1}{10}\left\{(5+\sqrt{5})\times\left(\frac{1+\sqrt{5}}{2}\right)^{n-1}+(5-\sqrt{5})\times\left(\frac{1-\sqrt{5}}{2}\right)^{n-1}\right\}$$

となります。

ここに現れる公比

$$\frac{1+\sqrt{5}}{2}$$

は「黄金比」と呼ばれる値で，長方形は縦と横の長さの比が

$$1 : \frac{1+\sqrt{5}}{2}$$

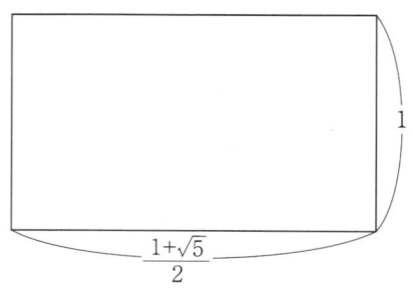

図18 黄金比の長方形

のときが最も美しいとされるなど，美しさを追求するときに語られます。

■漸化式を解くときの作法

このセクションの最後に，漸化式を解くときの解答の書き方について少し注意しておきます。

漸化式を解く問題では，特性方程式の解を利用した式変形を用いますが，$a_{n+1}=2a_n-1$ から $a_{n+1}-1=2(a_n-1)$ への変形自体は単なる操作に過ぎないので，特性方程式を考えなくても偶然思い付くかも知れません。つまり，必ずしも特性方程式を持ち出さずに式変形できる人もいるかもしれないのです。さらには，高校での作法としては，むし

ろ特性方程式を持ち出さない方が良いといえます。

問題に与えられているのは漸化式です。そのときに答案にいきなり特性方程式が登場すると，読んでいる方は，この方程式を考える意味は何か，漸化式とどういう関係があるのか分かっているのかと問いたくなります。解答の流れの中でその方程式を考える必然性が分かっているのか気になるのです。

一方，特性方程式を持ち出さずに，漸化式がいきなり変形されている場合は，変形の計算さえ間違っていなければ，「上手な変形を思い付いた」というしかありません。つまりケチのつけようがないのです。

そこで，書く方も読む方もたいていは分かっていながら，特性方程式のことは書かずに，あたかも素晴らしい式の変形を「アッとひらめいたように」書くことが答案の作法となっているのです。

もし，どうしても特性方程式を書きたいなら，本文（88ページ）のように，「$a_{n+1}=2a_n-1$ を $a_{n+1}-\alpha=2(a_n-\alpha)$ と変形できるかどうかを考える。この式と与えられた漸化式を比較すると $-2\alpha+\alpha=-1$，すなわち，$\alpha=1$ となる。実際，漸化式は $a_{n+1}-1=2(a_n-1)$ と変形できる」などと書くべきでしょう。

特性方程式はあくまでも漸化式の変形の鍵を探るために立てるのであって，その鍵で実際に式変形できるのかどうかは，変形を見せて示すしかありません。もちろん，特性方程式を使う方法でいつも大丈夫であることが理論的に分かっているからそうするのですが。細かくいうと，この考

察の流れの中には「うまく式変形するためには,どのような鍵が必要なのかを考える」部分(必要条件に相当)と,「その鍵を使えばうまくいくことを実際に式変形で示す」部分(十分条件に相当)があるのです。式変形の鍵を求める部分(必要条件相当の部分)は省略しても論理的な不都合がないので,このような作法が用いられているのでしょう。

§2 少し複雑な漸化式に挑戦

このセクションでは,教科書ではあまり扱わない漸化式の解法を解説します。ここを飛ばして読んでも,この後の部分の理解には差し支えありません。

繰り返しになりますが,漸化式を解くといっても万能な方法はなく,よく判っている形に(それはほとんどの場合,等比数列ですが)持ち込む方法が主になります。

■n を含む隣接2項間漸化式

最初に次の漸化式を考えてみましょう。

例題1
漸化式 $a_1=0$, $a_{n+1}=2a_n+n+1$, $n\geq 1$ で定義された数列$\{a_n\}$の一般項を求めましょう。

初項 a_1 は 0 で,第 n 項 a_n を2倍して $n+1$ を足すと,その次の数(第 $n+1$ 項 a_{n+1})になるという意味の漸化式です。漸化式の n に 1, 2, …を代入することで得られる

関係式

$$a_2 = 2a_1+1+1 = 2\times 0+2 = 2$$
$$a_3 = 2a_2+2+1 = 2\times 2+3 = 7$$
$$a_4 = 2a_3+3+1 = 2\times 7+4 = 18$$
$$a_5 = 2a_4+4+1 = 2\times 18+5 = 41$$
$$\cdots$$

によって，a_n が順に求まっていきます。

この場合は，a_{n+1}，a_n 以外の項が定数ではなく，$n+1$ なので，前節§1の例3（$a_1=2$，$a_{n+1}=2a_n-1$）のようには解けません。

■階差数列を使う解き方

ここではまず，第2章§2の階差数列のことを思い出しましょう。**階差数列が有効であることはよくあります。**

一般項が n の1次式であるとき，その階差数列は次数がひとつ下がるので定数になります。それを利用するために，

$$b_n = a_{n+1}-a_n, \ n=1,\ 2,\ \cdots$$

と $\{a_n\}$ の階差数列 $\{b_n\}$ を定義します。

まず，$a_1=0$ から $a_2=2a_1+2=2$ と求まることを使って，

$$b_1 = a_2-a_1 = 2-0 = 2$$

と$\{b_n\}$の初項$b_1=2$を求めておきます。次に当面の目標が階差数列を考えることですから，漸化式のnが$n+1$の場合にどうなるのか見ておきます。いわば「漸化式の階差」のようなものを考えるのです。まず，漸化式のnに$n+1$を代入して，

$$a_{n+2}=2a_{n+1}+(n+1)+1$$

を書いておきます。ここで，上の式と元の漸化式

$$a_{n+1}=2a_n+n+1$$

の両辺の差（「漸化式の階差」）を取ると

$$a_{n+2}-a_{n+1}=2a_{n+1}-2a_n+(n+2)-(n+1)$$

つまり，

$$b_{n+1}=2b_n+1, \quad n\geq 1$$

となり，nを含む項がない漸化式が得られます（$\{b_n\}$は$\{a_n\}$の階差数列ですから，$b_{n+1}=a_{n+2}-a_{n+1}$であることにも注意してください）。これはb_{n+1}とb_n以外のところが定数の形なので，§1で解き方を見た漸化式です（第3章§1例3参照）。

まず，この$\{b_n\}$の漸化式の特性方程式

$$x=2x+1$$

の解が$x=-1$なので，漸化式を

$$b_{n+1}+1=2(b_n+1)$$

と変形します。ここから，$\{b_n+1\}$ は初項が $b_1+1=2+1=3$，公比が 2 の等比数列であることが判ります。したがって，一般項は

$$b_n+1=3\times 2^{n-1}, \quad つまり， \quad b_n=3\times 2^{n-1}-1$$

と求まります。ここからは，階差数列から元の数列を求めるだけです。つまり，第 2 章§2 で考えた問題になります。

階差数列から元の数列を求めるときは，初項から第 n 項ではなく，第 $n-1$ 項までの和を計算することを思い出しましょう。数列 $\{b_n\}$ は，数列 $\{3\times 2^{n-1}\}$ と，初項からずっと 1 である定数数列 $\{1\}$ の差の形をしているので，このふたつの数列の初項から第 $n-1$ 項までの和を別々に計算することで，b_1 から b_{n-1} までの和が得られます。実際に計算してみましょう。

$$\begin{aligned}
&b_1+b_2+\cdots+b_{n-1}\\
&\quad =(3\times 2^{1-1}-1)+(3\times 2^{2-1}-1)+\cdots+(3\times 2^{n-2}-1)\\
&\quad =3\times 2^{1-1}+3\times 2^{2-1}+\cdots+3\times 2^{n-2}+(-1-1-\cdots-1)\\
&\quad =3\times (2^{1-1}+2^{2-1}+\cdots+2^{n-2})-(n-1)\\
&\quad =3(2^{n-1}-1)-(n-1)\\
&\quad =3\times 2^{n-1}-3-n+1\\
&\quad =3\times 2^{n-1}-n-2
\end{aligned}$$

そこで，第 2 章§2 で見た，求めたい数列 $\{a_n\}$ とその階差数列 $\{b_n\}$ の関係から，

$$a_n = (b_1 + b_2 + \cdots\cdots + b_{n-1}) + a_1$$
$$= 3 \times 2^{n-1} - n - 2 + 0$$
$$= 3 \times 2^{n-1} - n - 2$$

と一般項が得られます。これで例題1の漸化式が解けました。

■ふたつの漸化式の関係

上の方法は，一般に

$$a_{n+1} = pa_n + (n \text{ の1次式})$$

という形の漸化式に使えます。ここで p は定数で，もしカッコの中が n の2次式なら，2回階差数列を考えます。

しかし，ここでは，このタイプの漸化式をもう少し別の角度から観察してみましょう。

第3章§1の例3と§2（このセクション）の例題1の漸化式

$$a_1 = 2, \ a_{n+1} = 2a_n - 1, \ n \geq 1$$
$$a_1 = 0, \ a_{n+1} = 2a_n + n + 1, \ n \geq 1$$

を解いて得られる数列の一般項はそれぞれ

$$a_n = 2^{n-1} + 1$$
$$a_n = 3 \times 2^{n-1} - n - 2$$

でした。どちらの数列の一般項にも，公比2の等比数列が現れているのに気づきますか？（例3では初項1の等比数

列$\{2^{n-1}\}$,例題 1 では初項 3 の等比数列$\{3\times 2^{n-1}\}$ですが,どちらも公比は 2 です)これは,どちらの漸化式も公比 2 の等比数列の漸化式 $a_{n+1}=2a_n$ に大きく関係しているからだと考えられます。

さらに,等比数列以外の部分は,例 3 では$\{1\}$(定数数列)で,例題 1 では$\{-n-2\}$という n の 1 次式で表される数列です。よく見ると,これは元の漸化式の等比数列を表す部分 ($a_{n+1}=2a_n$) 以外のところに対応しています。つまり,例 3 の漸化式では,その部分が -1 という定数だし,例題 1 では $n+1$ という n の 1 次式です。この対応は,実はほとんどの場合に成り立つことなのです。このことを少し詳しく見てみましょう。

このような漸化式の一般形は,

$$a_1=a,\ a_{n+1}=pa_n+c_n,\ n\geq 1$$

と書くことができます。ここで,$\{c_n\}$は既に分かっている数列です。例 3 では$\{c_n\}$は $c_n=-1$,$(n=1,\ 2,\ \cdots)$ という定数の数列,例題 1 では $c_n=n+1$,$(n=1,\ 2,\ \cdots)$ という数列です。

ここでは,例題 1 の漸化式

$$a_1=0,\ a_{n+1}=2a_n+n+1,\ n\geq 1 \qquad ①$$

の($p=2$,$c_n=n+1$,$n=1,\ 2,\ \cdots$の場合の)別解を考えることで,この形の漸化式の統一的な解法を探ることにします。

■n を含む隣接2項間漸化式の別の解き方

まず,①の漸化式を満たす簡単な数列がないかを考えてみましょう。値が α の定数数列 $\{\alpha\}$ は $a_{n+1}=2a_n+n+1$, $n\geq 1$ を満たさないことがすぐ分かるので,その次に簡単な等差数列を試してみます。等差数列の一般項は n の1次式なので,第 n 項が

$$sn+t$$

である数列を考えます。ここで s, t は定数です。上の $sn+t$ を①の右辺の a_n に代入すると,

$$2(sn+t)+n+1=2sn+2t+n+1$$
$$=(2s+1)n+2t+1$$

となり,これが①の左辺の a_{n+1},つまり,$s(n+1)+t=sn+s+t$ と一致すると考えると,n の係数と定数項を比べて,

$$s=2s+1$$
$$s+t=2t+1$$

となります。この s, t についての連立1次方程式を解いて

$$s=-1$$
$$t=-2$$

と s, t が求まります。つまり,一般項が

$$sn+t=-n-2$$

である等差数列は漸化式①を満たします。

さて,この数列の第 $n+1$ 項は $-(n+1)-2$ なので,これが①の漸化式 $a_{n+1}=2a_n+n+1$ を満たすことは,

$$-(n+1)-2=2(-n-2)+n+1$$

であるということです。この式と①の差を考えてみます。

$$\begin{array}{r}a_{n+1}=2a_n+n+1\\-\underline{)\quad -(n+1)-2=2\{-n-2\}+n+1}\\a_{n+1}+n+1+2=2(a_n+n+2)\end{array}$$

差を取って得られた式では,漸化式で余分な $n+1$ が消えました。そして,この式は,数列 $\{a_n+n+2\}$ が初項 $a_1+1+2=0+3=3$,公比 2 の等比数列であることを意味しています。このことから,

$$a_n+n+2=3\times 2^{n-1},\text{ つまり},\ a_n=3\times 2^{n-1}-n-2$$

となります。これは,もちろん別の方法ですでに得ていた一般項に一致します。

■解き方の裏にあるもの

上の別解の方法をよく見ると,隣接 2 項間漸化式の解法とよく似た点があることに気づきます。例 3 の隣接 2 項間漸化式

$$a_1=2,\ a_{n+1}=2a_n-1,\ n\geq 1$$

の場合，特性方程式 $x=2x-1$ の解を求めることは，この漸化式を満たす定数数列を探すことと同じです。つまり，その定数を x とおいて，漸化式に代入することで x を求めているのです。特性方程式の解 $x=1$ は，$1=2\times 1-1$ を満たすので，この式を漸化式から引くと漸化式の -1 が消えて

$$\begin{array}{r}a_{n+1}=2a_n-1\\-\underline{)\quad 1=2\times 1-1}\\a_{n+1}-1=2(a_n-1)\end{array}$$

を得ます。これは，数列 $\{a_n-1\}$ が公比 2 の等比数列であることを表しています。

一方，例題 1 の漸化式 $a_{n+1}=2a_n+n+1$ では，等差数列（一般項が n の 1 次式）で漸化式を満たす数列 $\{-n-2\}$ を探しました。そして，同じように元の漸化式とこの数列が満たす漸化式の差を取り，漸化式の $n+1$ の部分を消しました。ここで，もう一度このタイプの一般の漸化式

$$a_1=a,\ a_{n+1}=pa_n+c_n,\ n\geq 1$$

において，例 3 の漸化式

$$a_1=2,\ a_{n+1}=2a_n-1,\ n\geq 1$$

は $\{c_n\}$ が $c_n=-1$（$n=1,\ 2,\ $）という定数数列の場合で，例題 1 の漸化式

$$a_1=0, \quad a_{n+1}=2a_n+n+1, \quad n\geq 1$$

は,$\{c_n\}$の一般項 $c_n=n+1$ が n の 1 次式の場合であることを思い出してください。

このように,だいたいは一般項が c_n によく似た数列で漸化式を満たす数列 $\{b_n\}$ があるのです。例 3 では $b_n=-1$ ですし,例題 1 では $b_n=-n-2$ です。そして,そのような数列 $\{b_n\}$ が見つかれば,$\{b_n\}$ は漸化式 $b_{n+1}=pb_n+c_n$ を満たすので,この式と元の漸化式との差を取ると

$$\begin{array}{r} a_{n+1}=pa_n+c_n \\ -)\ b_{n+1}=pb_n+c_n \\ \hline a_{n+1}-b_{n+1}=p(a_n-b_n) \end{array}$$

となって,$\{c_n\}$ を消すことができるのです。こうして得られた漸化式から,数列 $\{a_n-b_n\}$ が,初項 a_1-b_1,公比 p の等比数列であることが分かり,

$$a_n-b_n=(a_1-b_1)p^{n-1}, \quad つまり \quad a_n=(a_1-b_1)p^{n-1}+b_n$$

が得られます。数列 $\{a_n\}$ は,公比 p の等比数列と数列 $\{b_n\}$ の和の形で表されるのです。

■隣接 2 項間連立漸化式に挑戦

次にふたつの数列 $\{a_n\}$ と $\{b_n\}$ を含む漸化式を考えてみましょう。

例題 2　ふたつの数列 $\{a_n\}$ と $\{b_n\}$ が,

$$a_1 = 2, \quad b_1 = 5$$
$$\begin{cases} a_{n+1} = a_n + 2b_n \\ b_{n+1} = -a_n + 4b_n, \quad n \geq 1 \end{cases}$$

を満たすとき、一般項 a_n, b_n を求めましょう。

上のような漸化式を**隣接2項間連立漸化式**といいます。初項の値 $a_1 = 2$ と $b_1 = 5$ を使って

$$a_2 = 2 + 2 \times 5 = 12, \quad b_2 = -2 + 4 \times 5 = 18$$

のように a_2 と b_2 が計算できます。さらに、a_2 と b_2 の値を使って a_3 と b_3 の値、…と順に求めていくことができます。

また、(a_1, b_1), (a_2, b_2), (a_3, b_3), … を xy 平面上の

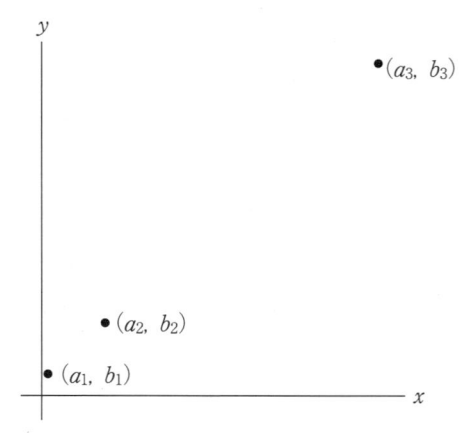

図19 隣接2項間連立漸化式は xy 平面に表せる

点 P_1, P_2, P_3, …の座標だと思うと，この漸化式は点の列を与える式であるとも思えます。

この漸化式を解くときのポイントは，$\{pa_n+qb_n\}$という形の数列を考えることです。このときの p と q は定数で，一般にこのような形を a_n と b_n の **1 次結合** といいます。考え方の要点は，このような形の数列で等比数列になっているものを探すことです。つまり

$$pa_{n+1}+qb_{n+1}=r(pa_n+qb_n) \qquad ①$$

となるような p, q, r を見つけることです。この式に例題 2 の漸化式を代入すると

$$p(a_n+2b_n)+q(-a_n+4b_n)=r(pa_n+qb_n)$$

つまり

$$(p-q)a_n+(2p+4q)b_n=rpa_n+rqb_n$$

となります。この式はすべての自然数 $n=1, 2,$ …に対して成立しているので，a_n, b_n の係数を比較して

$$rp=p-q$$
$$rq=2p+4q$$

これを整理して

$$(r-1)p+q=0 \qquad ②$$
$$-2p+(r-4)q=0 \qquad ③$$

を満たす p, q, r を探すことになります。まず，左辺の

q を消去するために,②×$(r-4)$−③ を考えると

$$\{(r-1)(r-4)+2\}p=0$$

となります。また,②×2+③×$(r-1)$ を考えると

$$\{2+(r-1)(r-4)\}q=0$$

となって p が消去できます。このとき,上で得られたふたつの式で p と q の前のカッコ{ }の中はどちらも r^2-5r+6 です。ここで,$p=q=0$ では意味がないので,$p\neq 0$,または,$q\neq 0$ と考えて

$$r^2-5r+6=0 \qquad ④$$

を得ます。④の解は $r=2$ または 3 ですが,④の方程式をこの連立漸化式の**特性方程式**といいます。

特性方程式の解が求まったら,その解を②③の式に代入してみます。すると②③は同じ式になるはずで,これを満たす p,q で $p=q=0$ でないものを求めるのは容易です。実際に特性方程式の解を代入してみましょう。

まず $r=2$ の場合は②③はどちらも

$$p+q=0$$

と同じ式となり,例えば $p=1$,$q=-1$ が得られます(このとき p,q にはいくつもの可能性がありますが,どれを選択しても後の議論に関係ありません)。また,$r=3$ の場合②③はともに

$$2p+q=0$$

と同じ式になるので,例えば $p=1$, $q=-2$ が得られます。

このようにして,①を満たす p, q, r が二組求まりました。このとき,①はどうなるか書いてみると,$p=1$,$q=-1$, $r=2$ のときは,

$$a_{n+1}-b_{n+1}=2(a_n-b_n)$$

$p=1$, $q=-2$, $r=3$ のときは,

$$a_{n+1}-2b_{n+1}=3(a_n-2b_n)$$

となります。つまり,$\{a_n-b_n\}$ と $\{a_n-2b_n\}$ が等比数列となる組み合わせ(1次結合)で,それぞれの公比は 2, 3 です。

ここで,等比数列の一般項の公式を使うと

$$a_n-b_n=(a_1-b_1)2^{n-1}=(2-5)2^{n-1}=-3\times 2^{n-1}$$
$$a_n-2b_n=(a_1-2b_1)3^{n-1}=(2-2\times 5)3^{n-1}=-8\times 3^{n-1}$$

を得ます。これを a_n と b_n の連立方程式とみて,左辺の a_n,あるいは,b_n を消去すると,

$$a_n=-6\times 2^{n-1}+8\times 3^{n-1},\ b_n=-3\times 2^{n-1}+8\times 3^{n-1}$$

と一般項が求まります。これで連立漸化式が解けたことになります。

この最後の a_n, b_n の連立方程式は,一般的には特性方

程式④が異なる2つの解をもてば必ず解けることが知られています。

■隣接3項間漸化式との関係

ところで、④式 $r^2-5r+6=0$ の r を求める2次方程式は、第3章§1の例4で登場した方程式と全く同じです。これは、次のように考えることで理解できます。

第3章§1の例4の隣接3項間漸化式

$$a_{n+2}=5a_{n+1}-6a_n, \quad n\geq 1$$

を例にとって考えてみましょう。ここで、新たに数列 $\{b_n\}$ を

$$b_n=a_{n+1}, \quad n=1, 2, \cdots$$

と定義します。つまり、$a_1, a_2, a_3, \cdots$ をひとつずつずらした $a_2, a_3, a_4, \cdots$ を $\{b_n\}$ とおくのです。すると、数列 $\{a_n\}$ と $\{b_n\}$ の間に

$$\begin{cases} a_{n+1}=0\cdot a_n+b_n \\ b_{n+1}=a_{n+2}=5a_{n+1}-6a_n=-6a_n+5b_n, \quad n\geq 1 \end{cases}$$

という関係があることになります。これは、ここで考えた隣接2項間連立漸化式に他なりません。このときの r を求める方程式を書いてみましょう。まず、pa_n+qb_n が公比 r の等比数列になるようにするには、

$$pa_{n+1} + qb_{n+1} = r(pa_n + qb_n)$$

に上の式を代入して

$$pb_n + q(-6a_n + 5b_n) = rpa_n + rqb_n$$

とし,両辺の a_n と b_n の係数を比較することで,$-6q = rp$,$p + 5q = rq$,つまり

$$-rp - 6q = 0 \qquad ⑤$$
$$p + (5-r)q = 0 \qquad ⑥$$

を得ます。⑤+⑥×r を考えて左辺の p を消去すると

$$\{-6 + (5-r)r\}q = 0$$

となりますが,これは,$q \neq 0$ とすることから,$-6 + 5r - r^2 = 0$,つまり第3章§1に登場した式

$$r^2 - 5r + 6 = 0$$

と全く同じになるというわけです。

 もちろん,例3の隣接3項間漸化式を解くことと,例題2の隣接2項間連立漸化式を解くことは,数列$\{a_n\}$を求めるという点で同じ意味です。同じ特性方程式が現れても不思議ではありません。また,このように,隣接3項間漸化式は隣接2項間連立漸化式に書き直して解くこともできるのです。

§3 数学的帰納法
■数学的帰納法という証明方法

数学的帰納法とは,数学での証明方法のひとつです。

一般的には,「帰納法」とは経験や実験による個々の具体的な事例から,普遍的な結論を導き出す思考方法のことです。数列では,それぞれの項を詳しく見ることで,数列全体にどんな性質があるのかを考えることがよくあります。ところが,ほとんどの数列は無限に続くのですから,「個々に当たってみて全体についての結論を導き出す」ことは不可能なはずです。しかし,そこをたいへん巧みな方法によって,「厳密な証明方法」にしたものが数学的帰納法なのです。それでは,説明していきましょう。

この章§1の例3の漸化式 $a_1=2$, $a_{n+1}=2a_n-1$, $n \geqq 1$ では,この数列の最初の方を $a_2=3$, $a_3=5$, $a_4=9$, … と順に求めることができます。ここで勘の良い人ならば,1, 2, 4, 8, …という等比数列 $\{2^{n-1}\}$ を思い出し,$a_n=2^{n-1}+1$ ではないかと気づくかもしれません。

このとき,漸化式を変形などして一般項を求めるのではなく,直接 $a_n=2^{n-1}+1$ であることを証明する方法が数学的帰納法なのです。数学的帰納法は,$a_n=2^{n-1}+1$ のように,自然数 n を含む式や命題を証明するときの方法なのですが,まずは,この自然数 n を含む命題について説明しましょう。

命題とは「正しいかどうかを数学的に判断できる主張」のことです。n を含む式も,命題の例です。例えば,次の命題1は,n を含む式で,n にどんな自然数を代入しても

左辺と右辺は等しいので，正しい命題です。

命題 1　すべての自然数 n について

$$1+2+\cdots+n=\frac{n(n+1)}{2}$$

が成り立つ。

また，次の命題 2 のように，「……ならば……である」のような**仮定**と**結論**がある命題もあります。

命題 2　数列 $\{a_n\}$ が漸化式 $a_1=2$, $a_{n+1}=2a_n-1$, $n\geqq 1$ を満たせば，この数列の一般項は $a_n=2^{n-1}+1$　$(n=1, 2, \cdots)$ となる。

命題 1 は，$n=1$ の場合の命題 $1=\dfrac{1(1+1)}{2}$，$n=2$ の場合の命題 $1+2=\dfrac{2(2+1)}{2}$, … というように，無限個の命題からなっていると考えられます。

また，命題 2 を証明するためには，$n=1$ の場合の結論 $a_1=2^{1-1}+1$，$n=2$ の場合の結論 $a_2=2^{2-1}+1$, … というように，やはり無限個の式を証明する必要があります。

命題 2 で，証明の $n=1$ の場合，$n=2$ の場合をもう少し詳しく見ましょう。命題 2 で $n=1$ のときの結論は「a_1

$n=1$　　　　　　　$n=2$

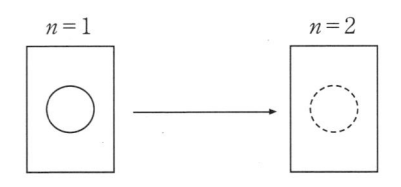

図20　$n=1$を使って$n=2$の場合を証明する

$=2^{1-1}+1=2$」で，これは$a_1=2$と仮定されているので成り立ちます。では，$n=2$のときはどうでしょう。「$a_2=2^{2-1}+1=3$」が結論ですが，これが成り立つことを証明するには，仮定の$a_1=2$と漸化式$a_{n+1}=2a_n-1$で$n=1$とした$a_2=2a_1-1$を使わねばなりません。つまり，$n=1$，2の場合の関係（漸化式）と$n=1$のときの状況を使うのです。

例えば，「この店で今日売っているイチゴは甘い」が正しいかどうかを考えるときに，「この店で昨日売っていたイチゴは甘かった。同じ店だから今日も甘い」のように，対象となっている状況と似た個別の事例から判断する考え方が，帰納法という思考方法です。

一般の帰納法による論証は正しいとは限らないのですが，上で見た「$a_2=2^{2-1}+1=3$」は数学的に成り立ちます。なぜなら，正しいと分かっている「$a_1=2$」に加えて，a_1とa_2の間の数学的に明確な関係「$a_2=2a_1-1$」を使って導き出されたからです。

同じように，$n=3$の場合の「$a_3=2^{3-1}+1=5$」を証明するときは，漸化式で$n=1$，2とした$a_2=2a_1-1$，$a_3=$

$2a_2-1$ と $a_1=2$ を使って，$a_3=2a_2-1=2(2a_1-1)-1=4\times 2-2-1=5$ と証明できます。

このような証明方法は数学的に正しいのですが，n が大きくなるにつれて証明は複雑になりますし，途中で同じような論証を何度も繰り返さねばなりません。

そこで，このような場合に対処する方法として考え出されたのが**数学的帰納法**です。数学的帰納法の考え方では，上のように，3から2へ，2から1へ，…とさかのぼって考えるのではなく，$n=1$ の場合から順に考えていきます。まず，証明すべきことを，

(1) $n=1$ のときに成立する
(2) $n=1$ のときに成立することを仮定すれば $n=2$ のとき成立する
(3) $n=2$ のときに成立することを仮定すれば $n=3$ のとき成立する
(4) $n=3$ のときに成立することを仮定すれば $n=4$ のとき成立する

…

という無限個の事柄だと考えます。

この無限個をすべて証明できたとします。このとき，最初の命題(1)から $n=1$ のとき成立していることは判ります。

また，第2の命題(2)が証明されていて，しかも，$n=1$ のとき成立することが既に(1)で証明されているので，結果

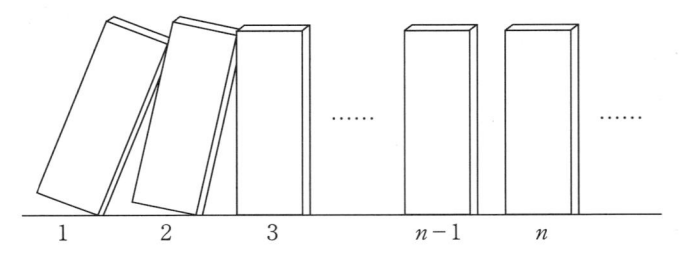

図21 ドミノ倒しのように証明する

として $n=2$ のときも成立していることになります。さらに第3の命題(3)から同じように $n=3$ の場合も証明できたことになります。このように、上の無限個の命題が証明できれば、すべての n に対して命題の証明が完了したことになります。

例えば、命題2の場合では、結論の「$a_n=2^{n-1}+1$」をまず $n=1$ のとき示し、次に「$a_1=2^{1-1}+1 \Rightarrow a_2=2^{2-1}+1$」を、さらに次に「$a_2=2^{2-1}+1 \Rightarrow a_3=2^{3-1}+1$」を、…と示していきます。

$$\overset{(1)}{a_1=2^{1-1}+1} \overset{(2)}{\Rightarrow} \overset{}{a_2=2^{2-1}+1} \overset{(3)}{\Rightarrow} \overset{}{a_3=2^{3-1}+1} \overset{(4)}{\Rightarrow} \cdots$$

ここで大切なことは、第2の命題(2)以降の証明が同じパターンであることです。そのことを説明するために文字 k を使います。第2の命題、第3の命題、…には共通のパターン

$n=k$ のときに成立することを仮定すれば,$n=k+1$ のとき成立する。($k=1$, 2, $\cdots$)

があります。これも自然数 k を含む命題なので,$k=1$ のとき,$k=2$ のとき,… と無限個ありますが,この形に変更することによって,どの k に対しても同じ論法で証明できるのであれば,命題は無限個でも,文字 k に 1, 2, … のすべての可能性を代表させて

(Ⅰ) $n=1$ のとき成立することを証明する。
(Ⅱ) $n=k$ のときに成立することを仮定して $n=k+1$ のとき成立することを証明する。($k=1$, 2, $\cdots$)

のふたつの命題の証明でよいことになります。このように,n を含む命題を上のふたつの命題に置き換えることで,すべての n について成立することを証明する方法が,「数学的帰納法」と呼ばれる方法です。

> **数学的帰納法**とは,自然数 n を含む命題 $P(n)$ について,
>
> **すべての n について「$P(n)$」を示す**
>
> 代わりに次の (Ⅰ)(Ⅱ) を示すことで,すべての自然数 n について $P(n)$ が成り立つことを示す方法です。

> **(Ⅰ) $P(1)$ を示す**
> **(Ⅱ) 「$P(k)$ が成立するならば $P(k+1)$ が成立する」ことを示す。ここで $k=1,\ 2,\ \cdots$ です。**

ここで，直接「$P(n)$」を証明するより，「$P(k)$ が成立するならば $P(k+1)$ が成立する」ことの証明の方が簡単な命題が，数学的帰納法を使うのに適した命題であることに注意してください。

例えば，n を含む命題

$$(n+1)(n+2) = n^2 + 3n + 2 \quad (n=1,\ 2,\ \cdots)$$

は，どの n に対しても左辺を展開するという同じ操作で，左辺と右辺が等しいことが確認できます。このように，無限個の命題のどれもが同じ操作で証明できる場合は，n という文字にすべての可能性を代表させて，このまま実質的にひとつの命題として証明できるので，数学的帰納法を使う必要がありません。

しかし，命題1，命題2は，一般の n のままでは具体的に書けない「…」の部分があったり，n の値によって証明のときに必要なステップが違ったりします。これでは n のままひとつの命題として証明することはできないので，数学的帰納法を使えないかと考えるわけです。

■数学的帰納法の使用例

実際に命題1を数学的帰納法で証明してみましょう。

証明すべき式は,

$$1+2+\cdots+n=\frac{n(n+1)}{2}$$

です。

(Ⅰ) $n=1$ のとき成立することを証明します。

$$左辺=1, \quad 右辺=\frac{1(1+1)}{2}=1$$

したがって左辺＝右辺が示せました。

(Ⅱ) $n=k$ のとき成立することを仮定して, $n=k+1$ のとき成立することを証明します。ここで k は 1, 2, … のいずれかです。

仮定は $1+2+\cdots+k=\dfrac{k(k+1)}{2}$ です ($n=k$ のときの式)。

このとき

$$(n=k+1 のときの左辺)=1+2+\cdots+k+(k+1)$$
$$=(1+2+\cdots+k)+(k+1)$$
$$(n=k のときの仮定の式より)=\frac{k(k+1)}{2}+(k+1)$$
$$=\frac{(k+1)(k+2)}{2}$$
$$=(n=k+1 のときの右辺)$$

のように, $n=k+1$ のときの 左辺＝右辺 が示せます。

以上から, 数学的帰納法により, すべての n に対して

命題の式が成り立つことが証明できました。

上の証明で数学的帰納法の仕組みをもう一度確認しておきましょう。上の（Ⅰ）（Ⅱ）を示すことで，なぜすべての n の場合に成り立つことが証明されたといえるのでしょうか？

$n=1$ の場合に正しいことは（Ⅰ）で示されています。次に $n=2$ の場合はどうでしょう？（Ⅱ）では $n=k$ の場合に成り立てば $n=k+1$ の場合も成り立つことが示されています。ですから（Ⅰ）で証明済みの 1 を k に代入すると，$1+1=2$ の場合も正しいことが判ります。次に（Ⅱ）で $k=2$ とすると，$n=2$ の場合が証明済みなので $2+1=3$ の場合も成立します。これを繰り返していくと，例えば $n=50$ の場合でも成り立つといえます。このように，どんな大きな n に対しても，（Ⅱ）を繰り返し使うことでその n の場合に到達できるので，すべての n に対して成り立つといえるのです。

命題 1 は第 2 章§2 でも，別の考え方を用いて確認しました。ここで示した数学的帰納法を用いる証明と合わせて，少なくとも 2 通りの確認方法があることになります。

図22　数学的帰納法で証明できる仕組み

第 3 章　帰納的定義と数学的帰納法

問1　数学的帰納法を使って

$$1^2+2^2+3^2+\cdots+n^2=\frac{n(n+1)(2n+1)}{6}$$

を証明せよ。

では，命題 2 を数学的帰納法で証明してみましょう。

命題2　数列 $\{a_n\}$ が漸化式 $a_1=2$，$a_{n+1}=2a_n-1$，$n\geqq 1$ を満たせば，この数列の一般項は $a_n=2^{n-1}+1$ $(n=1, 2, \cdots)$ となる。

(Ⅰ) $n=1$ のときは，$2^{1-1}+1=2^0+1=1+1=2$ より，$a_1=2^{1-1}+1$ が成立します。

(Ⅱ) $n=k$ のとき結論が成立することを仮定して，$n=k+1$ のときにも結論が成立することを証明します。ここで k は 1, 2, $\cdots$ のいずれかです。

仮定は $n=k$ のときの $a_k=2^{k-1}+1$ です。

$n=k+1$ のとき　$a_{k+1}=2a_k-1$　　　　　（漸化式より）
　　　　　　　　　　　$=2(2^{k-1}+1)-1$（仮定の式より）
　　　　　　　　　　　$=2^k+2-1$

となるので，$a_{k+1}=2^k+1$ が得られました。これは $n=k+1$ のとき命題の結論が成立することを示しています。

135

以上から，数学的帰納法により，すべての n に対して命題の結論 $a_n=2^{n-1}+1$ が成立することが証明できました。

この証明でも，数学的帰納法の仕組みを確認しておきましょう。

$n=1$ の場合に $a_1=2^{1-1}+1$ が成立することは（I）で示されています。（II）で $k=1$ とすると（I）で証明済みの $a_1=2^{1-1}+1$ を使って $a_2=2^{2-1}+1$ が示されたことが判ります。次に（II）で $k=2$ とすると，証明済みの $a_2=2^{2-1}+1$ を使って $2+1=3$ の場合である $a_3=2^{3-1}+1$ が示されています。どんな大きな n に対しても，このように（II）を繰り返し使うことで $a_n=2^{n-1}+1$ を示すことができるので，すべての n に対して $a_n=2^{n-1}+1$ が成り立つといえるのです。

命題2も第3章§1で示した漸化式の変形を使う解法と，数学的帰納法によるものとの2通りの解法があります。ただし，数学的帰納法は，結論がすでに明確に示されている場合にしか使えません。第3章§1では漸化式を直接変形して一般項にたどり着いているのに対し，数学的帰納法を用いる方法は，何らかの方法で一般項の式が予想できている場合にのみ有効なのです。

問2 すべての自然数 n に対して $2^{3n}-3^n$ は 5 で割り切れることを数学的帰納法を使って証明せよ。

第3章　帰納的定義と数学的帰納法

（ヒント：$n=k$ のときと $n=k+1$ のときの差を $(2^{3(k+1)} - 3^{(k+1)}) - (2^{3k} - 3^k) = 7(2^{3k} - 3^k) + 5 \times 3^k$ と変形せよ）

コラム：パスカル

パスカル（Blaise Pascal：1623〜1662）は「人間は考える葦である」という言葉で知られるフランスの哲学者です。会計の仕事をしていた父親の計算を助けるために19歳のときに作った「機械式計算機」や，圧力についての「パスカルの原理」などでも有名です。圧力の単位も「パスカル」です。

第2章§4のコラムでは，n 個のものから r 個を選ぶ組み合わせの数 $_nC_r$ を紹介しました。パスカルは $_nC_r$ をその著書『数三角形論』で論じています。彼は，組み合わせの数を次のように三角形状に並べました。この図は，しばしば**パスカルの三角形**と呼ばれています。

$$
\begin{array}{ccccc}
& _1C_0 & _1C_1 & & \\
& _2C_0 & _2C_1 & _2C_2 & \\
_3C_0 & _3C_1 & \underbrace{_3C_2 + {}_3C_3} & & \\
_4C_0 & _4C_1 & _4C_2 & _4C_3 & _4C_4
\end{array}
=
\begin{array}{ccccc}
& 1 & 1 & & \\
& 1 & 2 & 1 & \\
1 & 3 & \underbrace{3 + 1} & & \\
1 & 4 & 6 & 4 & 1
\end{array}
$$

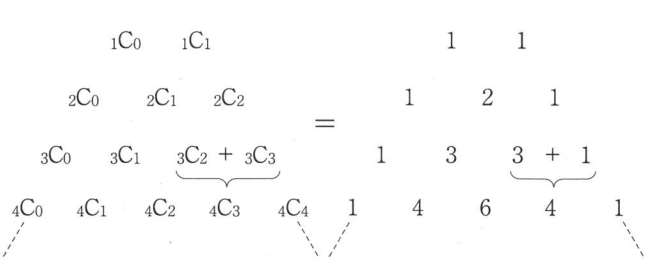

図23　パスカルの三角形

上のように配置すると，隣り合う 2 数の和がちょうどその 2 数の下の数になります。

$$\underbrace{{}_3C_2 + {}_3C_3}_{\substack{\| \\ {}_4C_3}} \qquad \underbrace{3 + 1}_{\substack{\| \\ 4}}$$

図 24　上の 2 つの和が、下の数になる（図 23 の一部）

彼はまた，隣り合う 2 数 ${}_nC_k$ と ${}_nC_{k+1}$ の比は，その数を含め，その左，あるいは右に並ぶ数の個数の比に一致することに気づきました。例えば，

$${}_2C_0 : {}_2C_1 = 1 : 2, \quad {}_2C_1 : {}_2C_2 = 2 : 1,$$
$${}_3C_0 : {}_3C_1 = 1 : 3, \quad {}_3C_1 : {}_3C_2 = 2 : 2, \quad {}_3C_2 : {}_3C_3 = 3 : 1$$

などです。

$$\underbrace{{}_4C_0 \;\; \widehat{{}_4C_1}}_{2\text{個}} \;\; \underbrace{\widehat{{}_4C_2} \;\; {}_4C_3 \;\; {}_4C_4}_{3\text{個}} \implies {}_4C_1 : {}_4C_2 = 2 : 3$$

図 25　隣り合う 2 数の比

彼はこのことを示すために，次のように論じました。

まず 1 段目，2 段目など最初の何段目かに並ぶ数については正しい。次に，ある段（k 段目）で隣り合う 2 数について正しいとしよう。そうすれば，そのひとつ下の段（$k+1$ 段目）で隣り合う 2 数についても，それぞれが k 段目の 2 数の和になることを使って計算すれば，

正しいことが示される。この議論を繰り返すことで、すべての段に並ぶ数について正しいことが分かる。

つまりパスカルは、現在使われている数学的帰納法の考え方を最初に用いた人物だといえます。

■数学的帰納法のバリエーション

数学的帰納法にはいくつかのバリエーションがあります。教科書ではあまり触れられない部分ですが、数学的帰納法をより理解するために付け加えました。

まず、次の例題を考えてみましょう。

> **例題** 数列 $\{a_n\}$ が、漸化式
>
> $a_1=2,\ a_2=3,\ a_{n+2}=5a_{n+1}-6a_n,\ n≧1$
>
> で定義されているとき、$n≧2$ であるすべての自然数 n に対して a_n は 3 の倍数であることを示しましょう。

この数列 $\{a_n\}$ は、§1 で見た隣接 3 項間漸化式で帰納的に定義されています。§1 では、この漸化式を解いて、一般項 $a_n=-1\times3^{n-1}+3\times2^{n-1}$ を求めました。一般項の式を使って例題を解くこともできますが、ここでは、漸化式と数学的帰納法を使って考えてみましょう。

証明すべきことは、$n≧2$ であるすべての自然数 n に対して

a_n は 3 の倍数

であることです。まず，この命題は $n \geq 2$ としているので，スタートである数学的帰納法の（Ⅰ）としては，$n=1$ ではなく，$n=2$ のときを考えることになります。ここも通常の数学的帰納法とは少し違います。この例題では，$n=2$ のとき $a_2=3$ なので結論が成立することが分かります。

次に，$n \geq 3$ のときを考えるために数学的帰納法の（Ⅱ）を見ます。まず，証明すべき結論の「a_n は 3 の倍数」は，$n=k$ のときに「a_k が 3 の倍数」，$n=k+1$ のときに「a_{k+1} が 3 の倍数」となるので，（Ⅱ）をそのまま書けば次のようになります。

(Ⅱ)「a_k が 3 の倍数」が成立するならば「a_{k+1} が 3 の倍数」が成立する，ここで，$k=2, 3, \cdots$ です。

しかし，a_{k+1} は，そのひとつ前の項 a_k だけでなく，もうひとつ前の項 a_{k-1} とも関係しているので，a_k が 3 の倍数であることだけを仮定しても a_{k+1} が 3 の倍数であることを漸化式から導くことができません。

そこで，(Ⅱ) を変更して次のようにしてみます。

(Ⅱ′)「a_k と a_{k+1} が 3 の倍数」が成立するならば，「a_{k+2} が 3 の倍数である」

ここで考えないといけないことがあります。(Ⅱ′) の k はどの範囲の自然数とすべきなのでしょうか。

ここでも最初の結論は $n=3$ のときなので，(II′) の結論「a_{k+2} が 3 の倍数」の $k+2$ は 3 以上，つまり，$k \geqq 1$ であると思えます。しかし，(II′) を $k=1, 2, 3, \cdots$ とそれぞれの k ごとに書き直すと

① 「a_1 と a_2 が 3 の倍数」であれば「a_3 が 3 の倍数」
② 「a_2 と a_3 が 3 の倍数」であれば「a_4 が 3 の倍数」
③ 「a_3 と a_4 が 3 の倍数」であれば「a_5 が 3 の倍数」
  $\cdots$

となりますが，$a_1=2$ なので a_1 は 3 の倍数ではありません。ということは，上の①は「a_3 が 3 の倍数」を導くときには使えません。

一方で，この例題では「a_n が 3 の倍数」を $n \geqq 2$ の範囲で証明するので，「a_2 が 3 の倍数」「a_3 が 3 の倍数」は帰納法の(II′)の最初の部分で仮定してよさそうなことです。このように考えていけば，(II′) は，

② 「a_2 と a_3 が 3 の倍数」であれば「a_4 が 3 の倍数」

からスタートし，$k \geqq 2$ と考えるべきであることが分かります。

しかし，少し待ってください。これでは，「a_3 が 3 の倍数」を示す部分がないし，「a_3 が 3 の倍数」を示しておかないと(II′)の②の部分の意味がありません。

これを避ける方法は，簡単なことですが，$n=3$ の場合を $n=2$ のときのように別に示せばよいのです。この数列の場合

$$a_3 = 5 \times a_2 - 6 \times a_1 = 5 \times 3 - 6 \times 2 = 3$$

なので，$n=3$ の場合である「a_3 は 3 の倍数」は明らかに成立します。つまり，数学的帰納法の(I)も

(I′)「a_2 と a_3 が 3 の倍数」が成り立つ。

と変更すればよいのです。(I′)，(II′)を改めて書くと次のようになります。

(I′)「a_2 と a_3 が 3 の倍数」が成り立つ。
(II′)「a_k と a_{k+1} が 3 の倍数」が成立するならば，「a_{k+2} が 3 の倍数である」が成り立つ。ここで，$k=2$，3，… です。

こうしておけば，まず，$n=2$ のときと $n=3$ のときは(I′)で示されます。次に $n=4$ のときですが，(II′)で $k=2$ の場合は，証明済みの a_2 と a_3 が 3 の倍数であることから a_4 が 3 の倍数であることを導くので，$n=4$ の場合が示されたことになります。さらに(II′)で $k=3$ の場合は，証明済みの a_3 と a_4 が 3 の倍数であることから a_5 が 3 の倍数であることを導くので，$n=5$ の場合が示されたことになります。これを繰り返すことによって，2 以上のどんな n の場合も結論が証明できます。

つまり，例題のようなとき，数学的帰納法のバリエーションとしては，

(I′) $n=1$ のときと $n=2$ のとき命題が成立することを証

明する。

(II′) $n=k$ のときと $n=k+1$ のとき命題が成立することを仮定して $n=k+2$ のとき命題が正しいことを証明する。ここで $k=1, 2, \cdots$。

を使えばよいのです（例題の場合は $n\geq 2$ である自然数を考えるので，上の(I′)は $n=2$ のときと $n=3$ のときになります）。

例題の解答を改めて書くと次のようになります。

(I′) $n=2$ のとき，$a_2=3$ は3の倍数なので成立します。
$n=3$ のとき，$a_3=5\times a_2-6\times a_1=5\times 3-6\times 2=3$ は3の倍数なので成立します。

(II′) $n=k, k+1$ のときの a_k と a_{k+1} は3の倍数であると仮定します。このとき，$n=k$ とした漸化式 $a_{k+2}=5a_{k+1}-6a_k$ から，$n=k+2$ のときの a_{k+2} も3の倍数であることが判り，命題が正しいことが証明されます。したがって，数学的帰納法により，$n\geq 2$ であるすべての自然数 n に対して，a_n は3の倍数であることが証明されました。

他のバリエーションとして，

(I) $n=1, n=2, n=3$ のとき命題が成立することを証明する。

(II) $n=k, n=k+1, n=k+2$ のとき命題が成立することを仮定して，$n=k+3$ のとき命題が成立することを証明する。ここで $k=1, 2, \cdots$。

という方法もあります。これをあげるときりがありません。さらに,

(Ⅰ) $n=1$ のとき命題が成立することを証明する。
(Ⅱ) $n=1$, 2, $\cdots$, k のとき命題が成立することを仮定して, $n=k+1$ のとき命題が成立することを証明する。ここで, $k=1$, 2, $\cdots$。

という方法も可能です。

このように, 問題に応じて様々な形の数学的帰納法を考えることができます。

■素因数分解定理も数学的帰納法

上の方法を応用した証明を, ひとつ紹介しておきましょう。これは, **素因数分解定理**と呼ばれているものです。**素数**という言葉が登場しますが, 素数とは, 1と自分自身の2つの約数だけをもつ自然数のことで, 2, 3, 5, 7, 11, …などは素数です。素数でない数, つまり, 1でも自分自身でもない約数をもつ自然数を**合成数**といいます。

命題3 2以上のすべての自然数は素数の積として表される。

証明 まず, これは, 2以上の自然数 n についての命題であることに注意してください。まず, $n=2$ のときですが, 2は素数ですから, これ自身が素数の積(この場合も便宜上ひとつの素数の積と考えることにします)となり,

命題が成立します。次に $n=2, 3, \cdots, k$ のときに命題が成立することを仮定し，$n=k+1$ の場合を考えます。この $k+1$ が素数のときは，やはり，これ自身が素数の積なので命題は成立しています。次に $k+1$ が素数でない場合，これは合成数なので $k+1=rs$ とふたつの自然数 r, s の積として表されます。ここで，r, s ともに2以上の自然数です。ということは，r, s ともに k 以下です。したがって，帰納法の仮定により，r, s ともにそれぞれ素数の積として表されます。このとき，$k+1=rs$ も素数の積として表されることになるので $n=k+1$ のときに命題が証明されたことになります。以上から，数学的帰納法により2以上のすべての自然数に対して命題が証明されました。

コラム：紀元前の数学的帰納法

実は，上の命題3は，人類が数学的帰納法を用いて証明した最初の命題のひとつと考えられています。この命題は，紀元前300年頃に著された『原論（Elements）』という書物の第7巻の命題31として登場しています。もちろんこのときは，本書で解説している明確な数学的帰納法を用いているのではありません。彼らは，2，3，4，…と順に素因数分解していくことを想定しています。もし自然数 n が合成数で，$n=st$ と n より小さい s と t の積として表されているのであれば，s, t は既に素因数分解されている数です。したがって，その積 n

も素因数分解されていると考えたのです。そして、このように考えていけば、どんな自然数も素因数分解できるはずだというわけです。形は少し違いますが、数学的帰納法と同じ発想による証明です。

ところが、中世の頃は、$n=1$, $n=2$, …とある程度のところまで証明するだけで「したがって、すべての自然数について命題が成り立つ」と結論づけた証明が残っています。このことに疑問をいだき、今日の数学的帰納法の原型を考え出したのはフェルマー(Pierre de Fermat: 1601~1665)です。彼は、2^1+1, 2^2+1, 2^4+1, 2^8+1, $2^{16}+1$, …が素数かどうかを考えていました。この数は2のベキ(肩にのっている数)が1, 2, 4, 8, …のように2^{n-1}という形をしている数なので、この数が素数であるという命題はnについての命題です。しかし、$n=1$, $n=2$, $n=3$, $n=4$のときは、それぞれ2, 3, 5, 17と素数になりますが、そのことから、すべてのnについて素数になるとはいえません。実際、この命題は正しくありません。そこで、彼はすべてのnについて正しいことを証明するための方法が必要であると考えたのです。その後、最終的に数学的帰納法をほぼ現在の形にしたのは、パスカルであるといわれています。(137ページのコラム:「パスカル」参照)

■数学的帰納法をより深く考える

数学的帰納法についてよく聞かれる疑問に次のものがあ

ります。

> 数学的帰納法による証明の(II)の部分の k は変数なのでしょうか，定数なのでしょうか？

「$k=1, 2, \cdots$ となっているので変数でしょう」
「でも，変数なら，『$k=1, 2, \cdots$ のときに命題が成り立つ』というのは仮定じゃなくて証明すべき結論じゃないの？」

　実は，この疑問は数列や数学的帰納法の問題を正しく解ける人や，時に学校の先生をも悩ませる疑問なのです。命題1や命題2のような問題は，この疑問に答えられなくても解けてしまいます。なぜなら，数学的帰納法の作法にのっとり式を変形していくだけで正解が書けるからです。

　つまり，数学的帰納法を用いる証明では，結論が分かっているので，$n=k$ のときと $n=k+1$ のときをつなぐ式変形だけできれば証明が完了します。しかし，数学的帰納法という証明法の基本原理についての理解があいまいなまま証明することに，どれほどの意味があるのでしょうか？　このことは，公式を丸暗記して問題を解くのに少し似ています。その公式がなぜ成り立つのかを一度も考えないまま公式を用いることの意味は何なのでしょうか？　では，自動車が動く原理を理解していないと自動車を運転してはいけないのか，という方もいるでしょう。もちろん，すべてを理解することは不可能ですし，また，その原理を説明できなければならない，などということもありません。

　自動車の運転を習得することで生活は便利になるでしょ

うし，そのことで随分効率的な世の中になります。自動車が動く理由を知らなくても，運転方法の習得はそれ自体意味があります。

では，数学的帰納法による証明方法を習得することには，どのような意味があるのでしょうか？　受験のためでしょうか？　確かに入学試験での点数が上がれば，将来が広がるかもしれません。

しかし，これは受験生のせいではなく，むしろ出題する大学側に問題があるようにも思いますが，解答法を丸暗記して解けるような問題ばかりでは，どう考えても将来につながるとは思えません。世の中には解けない問題，未知の問題が山積みです。それをひとつひとつ乗り越えないことには将来は広がりません。そのときに力の源泉となるのは，創造力，思考力，論理力をもって粘り強く考え抜くことだと思います。高等学校までの勉強とは，その基本的な力を養う場であると思います。

授業でスポーツを行うことは，様々な競技を通じて身体の動かし方を体験することで身体能力を向上させ，その使い方を会得していくことが目的のひとつでしょう。数学では，思考，論理などの方法を会得していくことが目的であって，問題を解くこと自体が目的ではありません。つまり，数学的帰納法の話に戻ると，数学的帰納法を使って問題が解けるようになることが目的ではなく，問題を解くことによって数学的帰納法の考え方を会得することが目的です。普段使わないような思考方法に触れることによって，新たな問題に直面したときにも解決できるような思考力，

論理力を養うことが目的です。

スポーツについて万能な人が稀なように、数学でも、どの方法も完璧に理解できる人は少数です。そのような能力をもっている人はプロ（例えば数学者）になればよいと思います。抜群の身体能力を持つ人がプロスポーツ選手になるように。

でも、そうでなくても、数学では様々な思考を体験することに意味があります。常に完璧を要求するのではありません。一生に一度でよいと思います。数学的帰納法という証明方法はどんな原理のものなのかについて深く考えてみて欲しいと思います。

数学的帰納法から、勉強の意味へ話がそれてしまいました。さて、皆さんはこの項の最初の疑問への答えはもうお判りでしょうか？

一言でいうと、**kは任意に選んだ（どのように選んでもよい）自然数としてひとつ固定したもの**です。

数学的帰納法の説明にある

「$n=k$ のとき命題が成立することを仮定し、$n=k+1$ のとき命題が成立することを証明する。ここで $k=1, 2, \cdots$ である」

と疑問にある

「変数なら、『$k=1, 2, \cdots$ のときに命題が成り立つ』というのは仮定じゃなくて証明すべき結論じゃないの？」

の書き方は違います。これは，少しの違いのように見えて大きな違いです。数学的帰納法の説明では，仮定している内容は，ひとつの固定された k についてのものです。そして，結論もその固定された k を用いて，$k+1$ と表されるときにどうなるかを考えるのです。

それに対して，「疑問」の方にあるのは，「$k=1$, 2, … のときに命題が成り立つ」で，これでは，仮定している内容がすべての k についてのものになってしまい，全く違う話になってしまいます。

ここで，このセクションの最初に説明した数学的帰納法の説明をかいつまんでもう一度繰り返しておきます。次の命題を考えてみましょう。

命題 4 $(n+1)(n+2) = n^2 + 3n + 2$ ($n=1$, 2, …)

この命題を証明するには，$n=1$ のとき，$n=2$ のとき，とすべての場合に成立することを確認する必要がありますが，どの場合も同じ操作（この場合，左辺を展開して右辺を導く）で確認できるので，n を変数として証明できます。このとき，n は変数ですが，展開するときには，1 か 2 か 3 か…のどれかを代表する固定されたひとつの n として扱われています。次の命題ではどうでしょう。

命題 5 $1+2+\cdots+n = \dfrac{n(n+1)}{2}$ ($n=1$, 2, …)

これを証明するとき，$n=1$, $n=2$, $n=3$, … ごとには証明できるかもしれませんが，その場合，左辺を共通の操作で右辺に変形することはできません。しかし，

命題6 $1+2+\cdots+k=\dfrac{k(k+1)}{2}$ が成り立てば，

$1+2+\cdots+k+(k+1)=\dfrac{(k+1)(k+2)}{2}$ が成り立つ。($k=1, 2, \cdots$)

は，どの k についても同じ方法で証明できます。仮定の式の両辺に $k+1$ を加え右辺をうまく変形すると証明すべき式を得ることができるのです。つまり，命題6も命題4のように，**どの k についても同じ操作で証明できるので，k を変数のように扱うことができるのです。**

注意して欲しいことは，ここでやはり k は変数なのですが，操作するときは，1か2か3か…のどれかを代表する固定された k として扱われていることです。そして，この ($k=1, 2, \cdots$ について無限個の) 命題を証明することができれば，$n=1$ のときの証明と合わせて，すべての n について元の命題が証明されたことになります。これが，数学的帰納法による証明です。

■文字 k に注意

もうひとつ陥りやすい落とし穴があります。それは，文字で表された k にだまされるということです。文字 k を使うと，何となく k は，1や2ではなく，大きい自然数

のような気がします。しかし、もちろんここでの k は1にもなり得ますし、2にもなり得ます。命題6でも、左辺はたくさんの項の和であるように思ってしまいますが、k の値によっては、ひとつかふたつの項しかない場合もあるのです。そのときに、あたかもたくさんの項があるような議論はできません。

　ただ、かなり慎重に議論する以外にこのような失敗を回避する方法はありません。ひとつだけ対処方法をあげるとするならば、**$k=1$ のとき、$k=2$ のときなど具体的な値のときに正しく結論が導かれているかを吟味する**ことでしょう。次の問題は、この落とし穴がある典型的な命題として知られているものです。

問3　次の議論はどこがおかしいか答えよ。
「n 人からなるどんな集まりについても、その集まりに含まれる人の身長はすべて等しい」という命題があります。

　ひとりだけの集まりについては自明な命題です。$n=k$ のとき成立することを仮定し、$n=k+1$ のとき成立することを証明するために、X を $k+1$ 人からなる集まりとします。X から3人、Aさん、Bさん、Cさんを選び、Aさん以外の k 人の集まりを Y、Bさん以外の k 人の集まりを Z とすると、Y と Z は k 人からなる集まりです。命題が $n=k$ のときに正しいと仮定していることから、Y に含まれる人の身長はすべて等しく、また、Z に含まれる人の身長もすべて等しくなります。すると、BさんとCさんは Y に含まれているので同じ身長であり、Aさんと

Cさんは Z に含まれているので同じ身長です。ということは，AさんとBさんも同じ身長で，結局 X に含まれる $k+1$ 人すべて同じ身長であることになり，数学的帰納法の第2段階も示されたことになります。

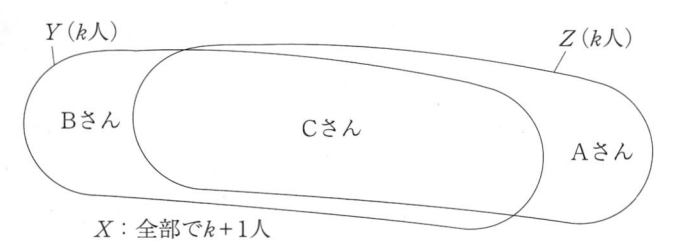

図26　この命題をベン図に表すと

どうでしょう。もちろん，n 人全員が同じ身長であるはずがありません。上の議論はどこかが間違っています。上の命題の前で述べたように $k=1$ の場合，$k=2$ の場合に上の議論がどうなるか考えてみてください。どこに間違いがあるか気づくと思います。

第4章 数列の広がり

 第4章は，まず§1で数列の極限について考えます。一般項 a_n の n をどんどん大きくするとき，a_n はどうなっていくのかという話です。さらに§2では，数列とその極限を使って面積を計算してみます。これは，実は積分の基本事項です。もともと数列の和と積分には密接な関係があるのです。それ以外にも数列と微分積分がいかに関係しているかを探りたいと思います。

§1 数列の極限
■収束と発散

 このセクションでは，数列 $\{a_n\}$ について，n をどんどん大きくしていくと a_n の値がどうなるかを考えます。

 例によってまず等差数列と等比数列を考えましょう。

 初項 a_1，公差 d の等差数列の一般項 a_n は

$$a_n = a_1 + (n-1)d$$

です。例えば，初項 a_1 が 1，公差 d が 3 の等差数列は

$$1, \ 4, \ 7, \ 10, \cdots \qquad ①$$

であり，初項 a_1 が 1，公差 d が -2 なら

$$1,\ -1,\ -3,\ -5,\ \cdots \qquad ②$$

となります。

ここで n をどんどん大きくすると、①のように公差 d が正の数のときは a_n もどんどん大きくなり、②のように公差 d が負の数のときは絶対値が大きい負の数、数直線でいうと、どんどん左に行きます。

このことを

$$\lim_{n\to\infty} a_n = \begin{cases} \infty & (d \text{ が正の実数のとき}) \\ -\infty & (d \text{ が負の実数のとき}) \\ a_1 & (d=0 \text{ のとき}) \end{cases}$$

と表します。記号 lim は**極限**（limit）の最初の3文字で、「リミット」と読みます。∞ は「無限大」と読みます。∞ は数字ではありません。あくまでも記号なので、原則として lim を含む上のような式にしか用いません。例えば、∞−∞＝0 のような式はあり得ません。

さて、では等比数列の場合はどうでしょう。初項 a_1、公比 r の等比数列の一般項 a_n は

$$a_n = a_1 r^{n-1}$$

です。ここで n をどんどん大きくすると、r が1より大きい実数、例えば $r=2$ であれば、r^{n-1} は

$$1,\ 2,\ 4,\ 8,\ 16,\ \cdots$$

のように、どんどん大きくなります。

しかし，初項が -2，公比が $\dfrac{1}{3}$ の場合は

$$-2, \ -\dfrac{2}{3}, \ -\dfrac{2}{9}, \ -\dfrac{2}{27}, \ \cdots$$

公比が $-\dfrac{1}{3}$ なら

$$-2, \ \dfrac{2}{3}, \ -\dfrac{2}{9}, \ \dfrac{2}{27}, \ \cdots$$

のように，$-1<r<1$ のときは，a_n はどんどん 0 に近づきます。

では，公比が -1 以下の実数の場合はどうでしょう？例えば，$r=-1$ のときは

$$a_n = a_1(-1)^{n-1}$$

です。この場合，a_n は n が奇数のとき a_1 で，偶数のとき $-a_1$ となるので，$-a_1$ と a_1 を繰り返すことになって，何かある数に近づいてはいきません。また，$r=-2$ の場合も絶対値はどんどん大きくなりますが，正の数と負の数を繰り返すので，数直線上をどんどん右にあるいは左に行くことはありません。このような場合には，極限の記号 lim を使ってもうまく書けません。したがって，等比数列の一般項の極限については次のようにまとめられます。

初項 $a_1 (\neq 0)$, 公比 r の等比数列 $\{a_n\}$ について

$$\lim_{n\to\infty} a_n = \begin{cases} \pm\infty\ (r>1 \text{のとき, 復号}(\pm) \text{は}\ a_1>0\ \text{のとき} \\ \quad\text{プラス,}\ a_1<0\ \text{のときマイナス}) \\ 0 \quad (-1<r<1\ \text{のとき}) \\ a_1 \quad (r=1\ \text{のとき}) \end{cases}$$

となります。

一般項 a_n がどんどん大きくなるとき ($\lim_{n\to\infty} a_n = \infty$ のとき), または, 負の数で絶対値がどんどん大きくなるとき ($\lim_{n\to\infty} a_n = -\infty$ のとき), 数列 $\{a_n\}$ は**発散する**といいます。さらに詳しくいうときは, $\lim_{n\to\infty} a_n = \infty$ の場合に**正の無限大に発散する**, $\lim_{n\to\infty} a_n = -\infty$ の場合に**負の無限大に発散する**といいます。

また, ある特定の値, 例えば c にどんどん近づくとき ($\lim_{n\to\infty} a_n = c$) のとき, 数列 $\{a_n\}$ は c に**収束する**といいます。また, このときの c を, $\{a_n\}$ において n を無限大にしたときの**極限値**といいます。

公比が -1 や -2 の等比数列のような場合は**振動する**ということもあります。

■等比数列の和の極限

等比数列の極限値の求め方の応用として, 等比数列の和の極限値を求めることもできます。

初項 a_1, 公比 r が 1 でない等比数列 $\{a_n\}$ の初項から第 n 項までの和を S_n とおきます。

$$S_n = a_1 + a_2 + \cdots + a_n = a_1 + a_1 r^1 + \cdots + a_1 r^{n-1}$$

第2章§3で見たように,S_n は次の式で計算できます。

$$S_n = \frac{a_1(1-r^n)}{1-r}$$

この式で n を含む部分は r^n で,ちょうど等比数列の一般項に出てくる r^{n-1} と同じ形です。ですから,やはり,r の値に応じて,収束するかどうかが決まります。特に,$-1 < r < 1$ のときは r^n が 0 に収束するので,次のようになることが分かります。

初項 $a_1 (\neq 0)$,公比 r の等比数列 $\{a_n\}$ の初項から第 n 項までの和を S_n とおくと,

$$\lim_{n \to \infty} S_n = \begin{cases} \pm \infty & (r \geq 1 \text{のとき,復号}(\pm) \text{は} a_1 > 0 \text{の} \\ & \text{ときプラス,} a_1 < 0 \text{のときマイナス}) \\ \dfrac{a_1}{1-r} & (-1 < r < 1 \text{のとき}) \end{cases}$$

数列 $\{a_n\}$ に対して,初項から第 n 項までの和

$$S_n = a_1 + a_2 + \cdots + a_n$$

を **級数** ともいいます。また,

$$a_1 + a_2 + \cdots + a_n + \cdots$$

を **無限級数** といいます。上で見た,公比 r が $-1 < r < 1$ を満たす等比数列のときのように,和 S_n の n を無限大に

したものが一定の値に収束するとき，無限級数

$$a_1+a_2+\cdots+a_n+\cdots$$

はその極限値という意味をもちます。このとき，この無限級数はその極限値に収束するといいます。

■いろいろな数列の極限

ここまでは等差数列と等比数列だけを見ましたが，そこで使われているのは

$$\lim_{n\to\infty}n=\infty$$

と

$$\lim_{n\to\infty}r^n=\begin{cases}\infty & (r>1\text{のとき})\\ 0 & (-1<r<1\text{のとき})\\ 1 & (r=1\text{のとき})\end{cases}$$

だけです。さらに，n^2, n^3, …などを考えても，このどれもが n を大きくするとき，正の無限大に発散します。

第3章までで見たように，数列といっても実際に扱う数列の一般項は，n の1次式，2次式，…や等比数列のように何かの n 乗が組み合わされた式です。したがって，上のことを使うと，多くの数列の極限値が分かります。

数列が収束する場合，極限値を計算するときの基本的な原理は次のようになります。

> 数列$\{a_n\}$, $\{b_n\}$がともに収束するとき,
> $$\lim_{n\to\infty}(a_n \pm b_n) = (\lim_{n\to\infty} a_n) \pm (\lim_{n\to\infty} b_n)$$
> $$\lim_{n\to\infty}(a_n \times b_n) = (\lim_{n\to\infty} a_n) \times (\lim_{n\to\infty} b_n)$$
> $$\lim_{n\to\infty}\left(\frac{a_n}{b_n}\right) = \frac{\lim\limits_{n\to\infty} a_n}{\lim\limits_{n\to\infty} b_n}$$
> となります(復号($\pm$)同順)。ただし,最後の式は$\lim\limits_{n\to\infty} b_n \neq 0$のときに限ります。

ここでは上の事実を「証明」しません。証明するには,まず,収束するとは厳密にはどう定義されるのかという,根本的なことから説明しなければならないからです。

どんどんnを大きくしたら最終的にどうなるのかを,人間は実際に見ることはできません。しかし,現代数学ではそれを克服し,「収束する」ことの厳密な定義も確立させています。ただ,この問題は本書で扱うには大き過ぎるテーマです。興味のある読者の方は,より専門的な本をお読みになることをお勧めします。

ここでは,「収束する」という概念を直感的に感じてもらうことにして,次に進もうと思います。

片方の極限に∞がからむ場合は,次のようになることも直感的に理解できると思います。

> 数列$\{a_n\}$が c に収束し，$\lim_{n\to\infty} b_n = \pm\infty$ のとき，
>
> $$\lim_{n\to\infty}(a_n + b_n) = \lim_{n\to\infty}(-a_n + b_n) = \pm\infty,$$
> $$\lim_{n\to\infty}(a_n - b_n) = \lim_{n\to\infty}(-a_n - b_n) = \mp\infty,$$
> $$\lim_{n\to\infty}(a_n \times b_n) = \begin{cases} \pm\infty & (c>0 \text{ のとき}) \\ \mp\infty & (c<0 \text{ のとき}), \end{cases}$$
> $$\lim_{n\to\infty}\left(\frac{a_n}{b_n}\right) = 0$$
> $$\lim_{n\to\infty}\left(\frac{b_n}{a_n}\right) = \begin{cases} \pm\infty & (c>0 \text{ のとき}) \\ \mp\infty & (c<0 \text{ のとき}) \end{cases}$$
>
> となります（復号同順）。

上で注意して欲しいのは，$c=0$ のとき，つまり$\{a_n\}$が 0 に収束するときは，積や商の極限について一般的に何もいえないことです。

例えば $a_n = \dfrac{1}{n^2}$，$b_n = n^2$ の場合は

$$\lim_{n\to\infty} a_n = 0, \quad \lim_{n\to\infty} b_n = \infty$$

ですが，a_n と b_n の積は $a_n b_n = 1$ なので

$$\lim_{n\to\infty} a_n b_n = 1$$

となります。一方，$a_n = \dfrac{1}{n}$，$b_n = n^2$ の場合は，やはり

$$\lim_{n\to\infty} a_n = 0, \quad \lim_{n\to\infty} b_n = \infty$$

ですが，a_n と b_n の積は $a_n b_n = n$ なので

$$\lim_{n \to \infty} a_n b_n = \infty$$

です。

ここまでに見たことを標語的にいうと，次のようになります。

$c > 0$ のとき，$c \times \infty = \infty$，$c \times (-\infty) = -\infty$

$c < 0$ のとき，$c \times \infty = -\infty$，$c \times (-\infty) = \infty$

しかし，$0 \times \infty$ は一般的に確定しません。

さらに，ふたつの数列$\{a_n\}$, $\{b_n\}$が共に収束しないときは，その和と積の極限については，ほとんど何も確定的なことはいえません。しいていえるのは，次のことです。

$\lim_{n \to \infty} a_n = \infty$, $\lim_{n \to \infty} b_n = \infty$ のとき

$$\lim_{n \to \infty}(a_n + b_n) = \infty$$
$$\lim_{n \to \infty}(a_n \times b_n) = \infty$$

となります。

$\{a_n\}$と$\{b_n\}$の差と商についても，確定的なことはいえません。これも標語的にいうと，次のようになります。

$$\infty + \infty = \infty, \quad \infty \times \infty = \infty$$

しかし，$\infty - \infty$, $\dfrac{\infty}{\infty}$ は一般的に確定しません。

第4章 数列の広がり

問1 $\lim_{n\to\infty} a_n = \infty$, $\lim_{n\to\infty} b_n = \infty$ であるが, $\lim_{n\to\infty}(a_n - b_n)$ が収束する例, また ∞, $-\infty$ となる例を見つけよ。商 $\dfrac{a_n}{b_n}$ についても同様の問いに答えよ。

■不等式を使って示す発散

極限値を求めるのが難しい数列もたくさんあります。これまでに解説したのは, n の1次式, 2次式, …で表される数列と等比数列の場合ですが, それ以外の数列, 例えば

$$a_n = 1 + \frac{1}{2} + \frac{1}{3} + \cdots\cdots + \frac{1}{n}$$

の極限はどうなるでしょう。この数列は,

$$a_1 = 1, \ a_2 = 1 + \frac{1}{2}, \ a_3 = 1 + \frac{1}{2} + \frac{1}{3}, \ \cdots$$

ですから

$$a_1 < a_2 < \cdots < a_n < \cdots$$

となっていますが, だからといって発散するとはすぐに分かりません。

一般項 a_n が n の式で表されていたら苦労は少ないと思うかも知れませんが, この場合はそんなにうまくいきません。

実はこの数列は発散しますが, それを示すために, $\dfrac{1}{2}$,

163

$\dfrac{1}{3}$, … を 1 個, 2 個, 4 個, … と 2^n 個ずつ分けて等比数列と比べます。ここでも, 漸化式を解くときなどと同じように, よく分かっている等差数列や等比数列にうまくおき換えられるかどうかが鍵になるのです。

実際には次のようにします。まず, $\dfrac{1}{2}$ はそのままにします。$\dfrac{1}{3}$ 以降を

$$\dfrac{1}{3}+\dfrac{1}{4}>\dfrac{1}{4}+\dfrac{1}{4}=\dfrac{1}{2}$$

$$\dfrac{1}{5}+\dfrac{1}{6}+\dfrac{1}{7}+\dfrac{1}{8}>\dfrac{1}{8}+\dfrac{1}{8}+\dfrac{1}{8}+\dfrac{1}{8}=\dfrac{1}{2}$$

$$\dfrac{1}{9}+\dfrac{1}{10}+\dfrac{1}{11}+\dfrac{1}{12}+\dfrac{1}{13}+\dfrac{1}{14}+\dfrac{1}{15}+\dfrac{1}{16}$$
$$>\dfrac{1}{16}+\dfrac{1}{16}+\dfrac{1}{16}+\dfrac{1}{16}+\dfrac{1}{16}+\dfrac{1}{16}+\dfrac{1}{16}+\dfrac{1}{16}=\dfrac{1}{2}$$
$$\cdots$$

このようにすると, a_n は上の不等式の左辺の和になるので,

$$a_8=1+\dfrac{1}{2}+\left(\dfrac{1}{3}+\dfrac{1}{4}\right)+\left(\dfrac{1}{5}+\cdots+\dfrac{1}{8}\right)>1+\dfrac{1}{2}+\dfrac{1}{2}+\dfrac{1}{2}$$

$$a_{16}=1+\dfrac{1}{2}+\left(\dfrac{1}{3}+\dfrac{1}{4}\right)+\left(\dfrac{1}{5}+\cdots+\dfrac{1}{8}\right)+\left(\dfrac{1}{9}+\cdots+\dfrac{1}{16}\right)$$
$$>1+\dfrac{1}{2}+\dfrac{1}{2}+\dfrac{1}{2}+\dfrac{1}{2}=1+\dfrac{1}{2}\times 4$$

となり,どのような自然数 m に対しても

$$a_{2^m} > 1 + \frac{1}{2} \times m$$

であることが分かります。上の不等式で m を大きくすると右辺はいくらでも大きくなるので,$\{a_n\}$ が発散することが結論づけられるのです。

発散する場合にしても収束する場合にしても,このような細かな工夫を必要とする場合があるのです。

■無限の不思議

数列 $\{a_n\}$ が値 c に収束する場合,$a_{n+1} - a_n$ は 0 に収束します。つまり

$$\lim_{n \to \infty} a_n = c \quad \Rightarrow \quad \lim_{n \to \infty} (a_{n+1} - a_n) = 0$$

となります。これは,$\lim_{n \to \infty} a_{n+1} = c$ とも思えることから,両辺の差をとることで確かめられます。ところが,この「逆」は成立しません。

ここでも先ほど見た数列

$$a_n = 1 + \frac{1}{2} + \frac{1}{3} + \cdots + \frac{1}{n}$$

を考えます。この数列 $\{a_n\}$ では,$a_{n+1} - a_n = \dfrac{1}{n+1}$ となるので,

$$\lim_{n \to \infty} (a_{n+1} - a_n) = \lim_{n \to \infty} \frac{1}{n+1} = 0$$

です。しかし，上で見たようにこの数列は収束しません。

このセクションでは収束・発散について直感的に理解できる範囲で述べてきました。しかし，発散する場合も$\{2^n\}$と$\{100^n\}$では，その様子はずいぶん違うでしょう。公比が100の数列$\{100^n\}$の方が，公比が2の数列$\{2^n\}$よりずっと速く大きくなります。公比が2のときは第10項目でも$2^{10}=1024$ですが，公比が100の方は第2項目で既に$100^2=10000$になります。

同じように$\left\{\dfrac{1}{2^n}\right\}$と$\left\{\dfrac{1}{100^n}\right\}$では，0に近づく速さがずいぶん違うと想像されます。込み入った状況になると，収束や発散の速さを見るなど，極限を求めるのにかなり細かい議論をしなければなりません。またそのような場合は，直感的な想像通りになっていないこともよくあります。

例えば，先ほどの数列を少し変えただけの数列

$$a_n = 1 - \frac{1}{2} + \frac{1}{3} - \frac{1}{4} + \cdots\cdots + \frac{(-1)^{n-1}}{n}$$

は，収束することが知られていて，その値は対数 log を使って表されます。またこの極限値は 1, $-\dfrac{1}{2}$, $\dfrac{1}{3}$, $-\dfrac{1}{4}$, … と順に加えていったときの収束先ですが，この数列は加える順序を変えると別の値に収束することも知られています。

人類が無限や極限について精密な考察をするようになっ

第4章 数列の広がり

たのは、19世紀が始まる頃からです。数学の理論は、自然現象をうまく記述するものでなければなりませんが、概念そのものは人間が頭の中で考え出したものです。そのため、絶対的に正しいということはあり得ず、常に感覚にあう理論の土台を築くために研究がされているともいえます。

しかし、その中でも無限を扱うのはたいへん難しいことです。数列の収束などの厳密な概念は確立していますが、それが本当にベストなものかどうかは分かりません。

■極限の求め方

さて、では具体例を考えてみましょう。一般項が n の1次式 $pn+q$ である数列は等差数列なので、すでに考えました。公差(この式では p)の正負によって極限が変わります。次に、n の2次式 pn^2+qn+r $(p \neq 0)$ の場合はどうでしょう？ この場合は2次関数 $y=px^2+qx+r$ のグラフが上下どちらに凸か考えて、$p>0$ のときは ∞、$p<0$

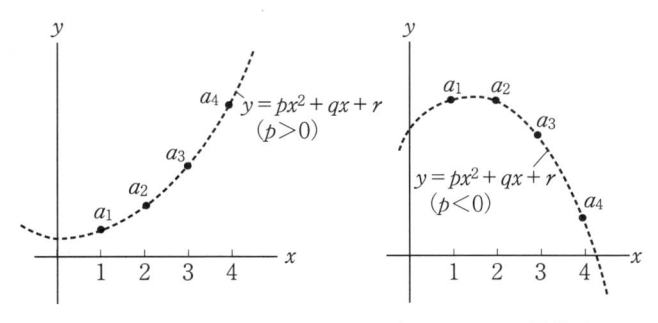

図27　$p>0$ のときは ∞、$p<0$ のときは $-\infty$ に発散する

のときは $-\infty$ に発散することが分かります。

このように考えれば,一般項が n の 2 次式, 3 次式,…のときの極限は次のようになることが分かります。

> 一般項 a_n が n の 2 次式, 3 次式,…のとき, a_n は, n の最高次の係数が正のときは ∞ に, 負のときは $-\infty$ に発散します。

また, 数列 $\{n^2\}$ も $\{n\}$ も無限大に発散する数列ですが, グラフから $\{n^2\}$ の方が $\{n\}$ より発散のしかたが速いといえます。このように, 一般項が 2 次式, 3 次式,…の数列の場合, n の次数の高い方が速く無限大に発散します。これは, x, x^2, x^3,…のグラフの増加の速さの違いを見れば, 直感的に分かります。

このことを利用すると, 一般項が分数式である数列

$$a_n = \frac{2n+1}{-5n^2+n-3}$$

の極限値を求めることもできます。まず, 直感的には分子が 1 次式で分母が 2 次式ですから, 分母の方が速く, この場合は $-\infty$ に発散します。そこでこの極限値は 0 ではないか, と想像できるわけです。これは, 実際に次のように変形して確かめられます。

第4章 数列の広がり

$$a_n = \frac{2n+1}{-5n^2+n-3} = \frac{\dfrac{2}{n}+\dfrac{1}{n^2}}{-5+\dfrac{1}{n}-\dfrac{3}{n^2}}$$

これは分子,分母をともに n^2(分子,分母の最高次数)で割るという変形です。こうすると,$\dfrac{1}{n}$ や $\dfrac{1}{n^2}$ の極限値が 0 なので,$\{a_n\}$ は 0 に収束することが分かります。

この変形で大切なことは,分子,分母ともに,現れる項が $\dfrac{1}{n}$ や定数の -5 のように**収束する数列ばかり**にすることです。うまく変形して,できるだけ収束する数列ばかりにすることが大切なことなのです。最終的に,∞ が 2 個以上出てこないような形に直せば理想的です。

問2 次の数列が収束するかどうか考えよ。また,収束する場合は極限値を求めよ。

(1) $a_n = \dfrac{n^3+n}{2n^3-3n^2}$

(2) $a_n = \dfrac{3^{n+1}+2^n}{2^n-3^n}$ (ヒント:分子,分母を 3^n で割る)

コラム：驚異の数学者オイラー

オイラー（Leonhard Euler：1707～1783）は，史上最も多くの著作を残した数学者として知られています。スイス数学会からオイラー全集が刊行されていますが，すでに数万ページ分出版されているにもかかわらず，まだ完成していません。

オイラーはいくつもの公式や定理で有名ですが，その内のひとつが「バーゼル問題」と呼ばれている

$$1+\frac{1}{2^2}+\frac{1}{3^2}+\frac{1}{4^2}+\cdots$$

の極限値を求める問題を解決したことです。オイラーは10年以上の歳月を要して，この和が $\frac{\pi^2}{6}$ に収束することの証明に成功しました。正に驚異的な思考力，忍耐力をもっていたといえるでしょう。なお，このような和については，分母の1，2，3，…のベキ（肩に乗る数）がこの場合のように偶数の場合はどんな値に収束するか分かっていますが，奇数の場合は未解決問題です。

その後，リーマン（Georg Friedrich Bernhard Riemann：1826～1866）は，肩に複素数を乗せるというさらに途方もないことを考えました。その値がどうなるのかについては素数の分布などとの関連性も分かっており，現在でも様々な研究が続いています。

第4章　数列の広がり

§2　数列と微積分
■放物線と直線で囲まれた図形の面積

図形の面積を求めるとき，その形が三角形や長方形のように線分で囲まれている場合はそれほど難しい問題ではありません。しかし，曲線で囲まれている場合，例えば，放物線で囲まれている場合は工夫が必要です。

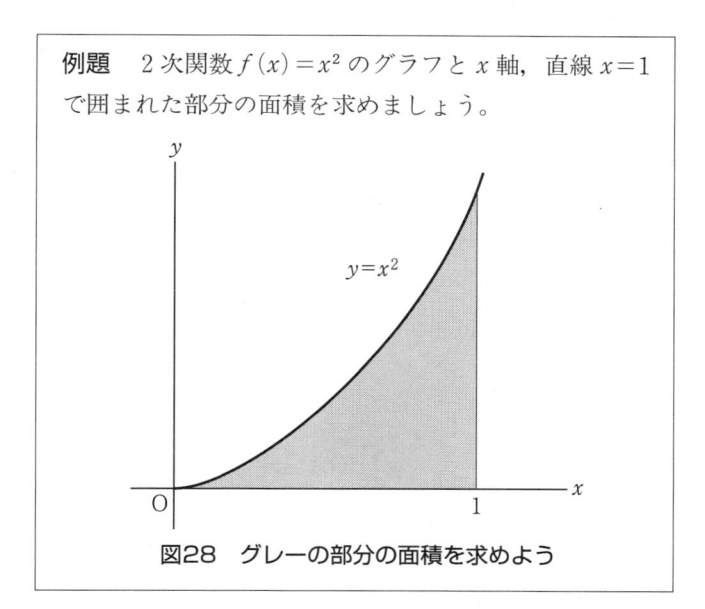

例題　2次関数 $f(x)=x^2$ のグラフと x 軸，直線 $x=1$ で囲まれた部分の面積を求めましょう。

図28　グレーの部分の面積を求めよう

このときの方法のひとつとして考えられるのが，**区分求積法**と呼ばれる方法です。

まず，この図形を x 軸に沿って見て，$x=0$ から $x=1$ までの部分にあることに注意します。その部分を等分して，

171

長方形でこの図形を近似していきます。

自然数 n に対して，$x=0$ から $x=1$ までを n 等分するとして，第1番目の長方形 T_1 は $x=0$ から $x=\dfrac{1}{n}$ まで，第2番目の長方形 T_2 は $x=\dfrac{1}{n}$ から $\dfrac{2}{n}$ までの部分というように $x=0$ から $x=1$ までを分けていきます。そうすると最後の長方形 T_n は $x=\dfrac{n-1}{n}$ から $x=1$ までとなります。

それぞれの長方形の横の部分は，これで決まりました。

次に縦の部分について考えます。これは，いくつか考え方がありますが，まず，長方形の左端に着目して，T_1 の高さは $f(0)=0^2=0$，T_2 の高さは $f\left(\dfrac{1}{n}\right)=\left(\dfrac{1}{n}\right)^2=\dfrac{1}{n^2}$ と

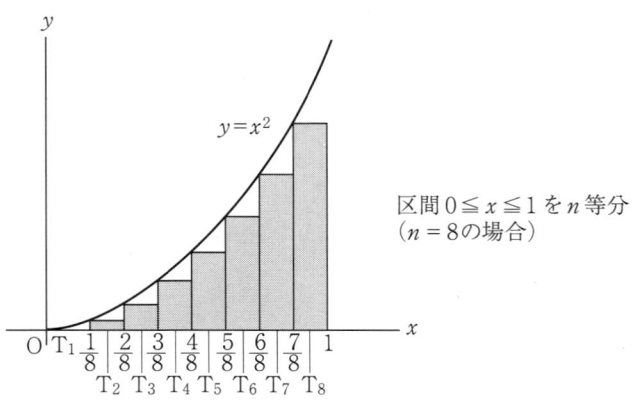

区間 $0\leqq x\leqq 1$ を n 等分
（$n=8$ の場合）

図29　長方形の和に分解してみると

いうように定めてみましょう。そうすると、第 k 番目の長方形（$1\leq k\leq n$）T_k の高さは $f\left(\dfrac{k-1}{n}\right)=\left(\dfrac{k-1}{n}\right)^2$ になります。

したがって T_k の面積は横が $\dfrac{1}{n}$ で高さが $\left(\dfrac{k-1}{n}\right)^2$ になるので

$$\left(\dfrac{k-1}{n}\right)^2 \times \dfrac{1}{n} = \dfrac{(k-1)^2}{n^3}$$

となります。具体的に T_1, T_2, $\cdots$, T_n の面積は，

$$0, \ \dfrac{1}{n^3}, \ \dfrac{4}{n^3}, \ \ldots\ldots, \ \dfrac{(n-1)^2}{n^3}$$

になるということです。

これを数列とみると，分母は共通に n^3 です。一方，分子は自然数の2乗なので，その和は，第2章§4で得られた公式から

$$0+1^2+2^2+\cdots+(n-1)^2 = \dfrac{(n-1)n(2n-1)}{6}$$

となります。ここで，上の和は 1^2 から $(n-1)^2$ までの和なので，自然数の2乗の和の公式の n に $n-1$ を入れたものになります。したがって，長方形 T_1, T_2, $\cdots$, T_n の面積の総和は

$$\frac{(n-1)n(2n-1)}{6n^3} = \frac{2n^3-3n^2+n}{6n^3}$$

になります。これが，求めたい面積を近似する式のひとつです。

このような長方形 T_1 から T_n を用いる近似では，T_1 から T_n までの面積の和は求めるべき面積より小さくなります。つまり，求める面積を S とおくと

$$\frac{2n^3-3n^2+n}{6n^3} < S$$

となるのです。これは，各長方形の左端での $f(x)$ の値を高さとすることが，その範囲の x を考えたときの $f(x)$ の最小値を高さとしていることになるからです。

ここで，上の不等式の左辺で n をどんどん大きくすると，その極限値が $\frac{1}{3}$ であることが次のように分かります。

$$\lim_{n \to \infty} \frac{2n^3-3n^2+n}{6n^3} = \lim_{n \to \infty}\left(\frac{2}{6} - \frac{3}{6n} + \frac{1}{6n^2}\right) = \frac{2}{6} = \frac{1}{3}$$

一方，S は n の値に関係なく $\frac{2n^3-3n^2+n}{6n^3} \leq S$ を満たしているので，$\frac{1}{3} \leq S$ が成り立つことになります。

次に，長方形の右端での $f(x)$ の値を長方形の高さとす

第4章　数列の広がり

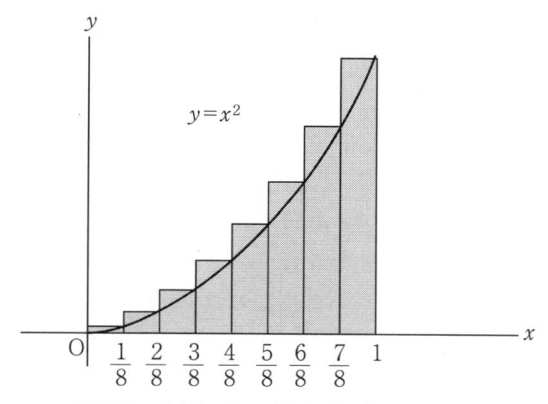

図30　右端の値で長方形を作ってみる

る（例えば，T_1 の高さを $f\left(\dfrac{1}{n}\right) = \dfrac{1}{n^2}$ とする）と，その区間（T_k の場合 $x = \dfrac{k-1}{n}$ から $x = \dfrac{k}{n}$ まで）の範囲で $f(x)$ の最大値を長方形の高さとして計算することになります。$f(x) = x^2$ の場合は，0から1までの区間内で考えると，長方形の左端での $f(x)$ の値がその区間での最小値になり，右端での $f(x)$ の値がその区間での最大値になります（図30）。

そう考えると，各区間での最小値を長方形の高さにとれば，長方形の面積による近似は求めたい面積より小さな値で近似していて，各区間での最大値を長方形の高さにとれば，大きい値で近似していることになります。したがって，もしこのときの n（つまり，長方形の個数）をどんどん大きくしていったときの極限値が，最小値をとった場合

175

と最大値をとった場合で同じ値に収束すれば,間違いなく,その値が求めたかった面積ということになります。

実は,$f(x)$ が考えている区間(例題の場合 $0 \leq x \leq 1$)で**連続な関数**であれば,各区間での $f(x)$ の最小値を高さにとった長方形の面積による近似と,最大値を高さにとった長方形の面積による近似は,n を大きくしたとき必ず同じ値に収束することが知られています。言い換えると,上の方法で必ず面積が求められるのです。ただし,放物線の場合は $1^2+2^2+\cdots+(n-1)^2$ を n の式として表すことができたので,うまく面積が求まったのです。

問 1 例題の面積を各区間での $f(x)=x^2$ の最大値を長方形の高さにとって近似し,その極限値を求めよ。

例題では直線 $x=0$ と $x=1$ の間での図形の面積を求めましたが,もう少し一般的に直線 $x=0$ と $x=a$ というように図形の右端を正の実数 a に換えても,区分求積法でその面積を求めることができます。

この場合,長方形 T_1 の底辺の部分は $x=0$ から $x=\dfrac{a}{n}$,T_2 は $x=\dfrac{a}{n}$ から $x=\dfrac{2a}{n}$,…,T_n は $x=\dfrac{(n-1)a}{n}$ から $x=a$ となります。各区間での最小値,つまり,各長方形の左端での $f(x)=x^2$ の値を長方形の高さにとると T_1 の

第4章　数列の広がり

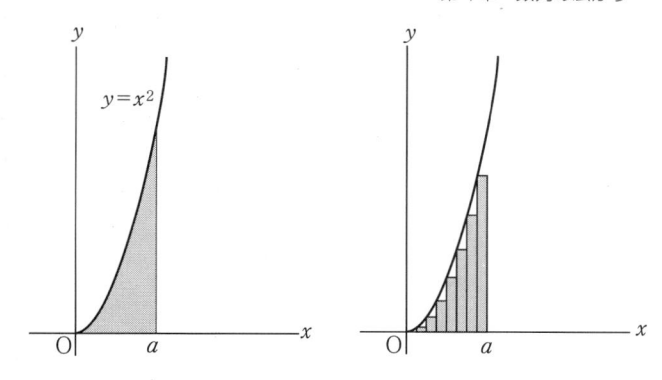

図31　縦，横をかけるので，分子はa^3になる

高さは 0，T_2 の高さは $f\left(\dfrac{a}{n}\right)=\left(\dfrac{a}{n}\right)^2$，…，$T_n$ の高さは $f\left(\dfrac{(n-1)a}{n}\right)=\left\{\dfrac{(n-1)a}{n}\right\}^2$ です。また，横の長さはすべて $\dfrac{a}{n}$ です。縦，横をかけるので，例題のときとの違いは，分子がすべて a^3 倍になっていることです（図31）。

したがって，この場合の面積は $\dfrac{a^3}{3}$ であることがわかります。

問2　$f(x)=x^3$ のグラフと x 軸と直線 $x=a$ で囲まれた図形の面積を求めよ。ただし，a は正の実数とする。

■数列の和による数の近似

ここでは，x 軸，放物線，y 軸に平行な直線が囲む図形

の面積を，数列の極限値を用いて求めました。また，第4章§1では，

$$1-\frac{1}{2}+\frac{1}{3}-\frac{1}{4}+\cdots+\frac{(-1)^{n-1}}{n}+\cdots$$

が対数 log の値に収束することや，170ページのコラムでバーゼル問題

$$1+\frac{1}{2^2}+\frac{1}{3^2}+\frac{1}{4^2}+\cdots=\frac{\pi^2}{6}$$

について述べました。

このことから考えられることは，数列は求めるべき値の近似値を計算する方法としても使われるということです。

例えば，17世紀には π の近似値を計算する式として**グレゴリーの式**と呼ばれる

$$\pi=4\left(1-\frac{1}{3}+\frac{1}{5}-\frac{1}{7}+\cdots\right)$$

が知られていました。また，$\sqrt{1.2}$ や $\sqrt{1.3}$ などを近似する数列も知られていて，実際に計算機では，このような近似式を使って値が計算されています。

よく 0.999999… は 1 に等しいか等しくないかという議論がされます。0.999999… は，初項 0.9，公比 0.1 の等比数列

$$0.9,\ 0.09,\ 0.009,\ 0.0009,\ \cdots$$

の和と考えられます。というより，…の部分があるので，

無限級数として考えるしかありません。そう思うと，この無限級数の極限値は，等比数列の和の公式を使って出した

$$\frac{0.9(1-0.1^n)}{1-0.1} = 1-0.1^n$$

で n を大きくすることで計算でき，実際に 1 に等しいことが分かります。

つまり，0.9, 0.99, 0.999, 0.9999, … は，徐々に精度をあげて 1 を近似している数列なのです。その極限値を 0.999999… と … を使って表すのであれば，これは当然 1 です。

また，別の見方をすれば，1 を表す方法として，もちろん 1 そのものがありますが，もうひとつ近似を使った 0.999999… があるということです。これは 1 だけに限りません。すべての数に，例えば 1.45 にも近似として，1.44999999… という表し方があるのです。数そのものを表すのか，近似を用いて表すのかの違いがあるだけです。

1 と書けばよいのに，わざわざ近似 0.999999… を考える必要があるのかと思うかもしれませんが，$\frac{1}{3}$ のように小数で表そうとすると 0.333333… と近似以外の表現方法がない数もあります。数は分数や無限小数（無限級数）など多様な表し方をもっています。その方が便利なことも多いのです。

■数列と微分積分の類似

これまでに，$f(x)=x^2$ のグラフと x 軸，$x=a$ で囲まれた部分の面積が $\dfrac{a^3}{3}$ であることを見ました。

この面積は a を変えると値が変わるので，a の関数と見なすことができます。つまり，この面積を $S(a)$ のように a の関数として表すことができて，実際この $S(a)$ が $\dfrac{a^3}{3}$ となることをすでに確認したことになります。

$f(x)=x^2$ のグラフと x 軸，$x=a$ で囲まれた部分の面積を $S(a)$ とおくと $S(a)=\dfrac{a^3}{3}$ となります。

これを一般的に表したものを**積分**（正確には**定積分**）といいます。記号としては，s，t を $s<t$ である実数として，$y=f(x)$ のグラフと x 軸，直線 $x=s$，$x=t$ で囲まれた図形の面積を

$$\int_s^t f(x)\,dx$$

と表します。この記号を発明したのはライプニッツ（第2章§3のコラム参照）です。

この記号のうち $f(x)\,dx$ の意味するところは，長方形の縦に相当する $f(x)$ と横に相当する dx（これは x 軸上の小さな部分という意味で使われています。例題では $\dfrac{1}{n}$ のことです）の積，つまり長方形の面積です。その長方形の面積を $x=s$ から $x=t$ の範囲で考えて足し合わせ，最後

に長方形の個数 n を大きくし，つまり，長方形の横幅を 0 に近づけることで極限値をとったものです。そうすることで長方形の集まりの角がとれて $f(x)$ のグラフが囲む図形に近づいていくイメージが，和を表す $\sum$ の角が取れて積分の記号 $\int$ になるところに込められています。

左端の記号 $\int$ は和（英語で sum）を表す S に由来していて，**インテグラル**（integral）と読みます。また，この記号，あるいは，この記号が表す量を $f(x)$ の **$x=s$ から $x=t$ までの定積分**といいます。

例題では

$$\int_0^a x^2 dx$$

を計算したので，

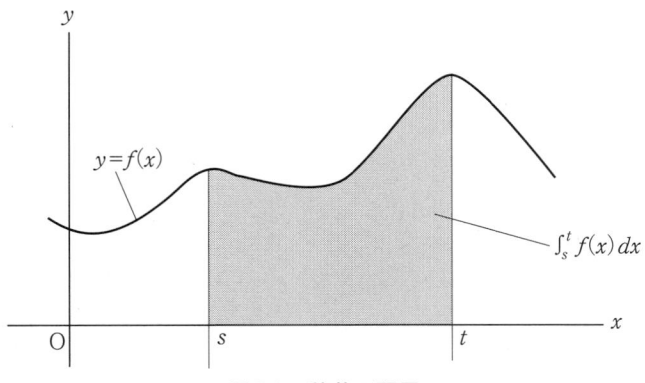

図32 積分の記号

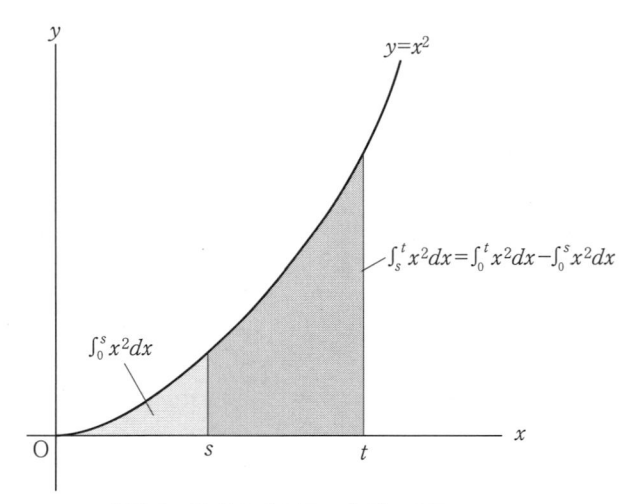

図33 積分は分けることができる

$$\int_0^a x^2 dx = \frac{a^3}{3}$$

という式が得られたことになります。また上の図から

$$\int_s^t x^2 dx = \frac{t^3}{3} - \frac{s^3}{3}$$

であることも分かります。

ここから気づくことは、x 軸、$f(x)=x^2$ のグラフと y 軸に平行な直線で囲まれた図形の面積を求めるときは、$\frac{a^3}{3}$ という a の3次関数を覚えておけばよいということです。

第4章　数列の広がり

このことを形式的に

$$\int x^2 dx = \frac{x^3}{3} \quad \text{あるいは} \quad \int x^2 dx = \frac{x^3}{3} + C$$

と書き，この左辺を $f(x) = x^2$ の**不定積分**といいます。ここでの C は定数を意味しています。

気持ちの上では，定積分の x の範囲の左端 $x=s$ の s を定数，右端 $x=t$ の t を変数とみなして，定積分

$$\int_s^t x^2 dx = \frac{t^3}{3} - \frac{s^3}{3}$$

の右辺の $-\frac{s^3}{3}$ を定数 C とおき直したものです。

3次関数 $f(x) = x^3$ についても定積分，不定積分が考えられますが，これは結局

$$1^3 + 2^3 + \cdots + n^3$$

を計算することによって得られます。第2章§4で見たように，この和は n の4次式で，さらに n^4 の係数は $\frac{1}{4}$ です。したがって，3次関数 $f(x) = x^3$ の不定積分は $\frac{x^4}{4}$ になります。

この考え方を進めると次のようになります。

> すべての自然数 k について
>
> $$x^k \xrightarrow[\text{不定積分}]{} \frac{x^{k+1}}{k+1}$$
>
> となります，つまり
>
> $$\int x^k dx = \frac{x^{k+1}}{k+1} + C$$
>
> が成り立ちます。

■ 微分と導関数

 一方，関数 $y=f(x)$ について，x が x_0 から x_1 まで変化するときの y の変化の割合，つまり

$$\frac{f(x_1)-f(x_0)}{x_1-x_0}$$

を $f(x)$ の x_0 から x_1 までの**平均変化率**といいます。これは，2 点 $(x_0, f(x_0))$，$(x_1, f(x_1))$ を通る直線の傾きです。

 ここで，x_1 を x_0 にどんどん近づけたものは（もし，近づけるという操作で何かの値が得られるなら，その値のことです）$y=f(x)$ の $x=x_0$ における瞬間の変化率といえるものです。この値を $y=f(x)$ の $x=x_0$ における**微分係数**といい $f'(x_0)$ と書きます。これは記号として

第4章 数列の広がり

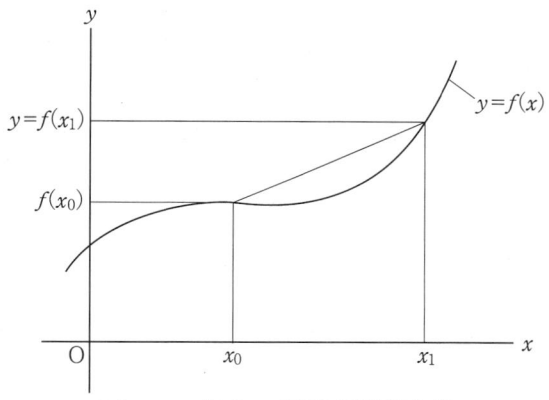

図34 x_0からx_1までの平均変化率

$$f'(x_0) = \lim_{x_1 \to x_0} \frac{f(x_1) - f(x_0)}{x_1 - x_0}$$

と表すこともできます。このとき x_0 に対して $f'(x_0)$ を対応させることは、また x の関数 $f'(x)$ とみなせます。この $f'(x)$ を $f(x)$ の**導関数**といい、導関数を求めることを**微分する**ともいいます。

例として、$f(x) = x^2$ を考えましょう。

$$\frac{f(x_1) - f(x_0)}{x_1 - x_0} = \frac{x_1^2 - x_0^2}{x_1 - x_0} = x_1 + x_0$$

なので、上の式で x_1 を x_0 に近づけると $2x_0$ を得ます。つまり、x_0 には $2x_0$ が対応するので、$f(x) = x^2$ の導関数 $f'(x)$ は

$$f'(x) = 2x$$

となります。

問3 $f(x) = x^3$ のとき, $f'(x)$ を求めよ。

問3の答えは2次関数になります。さらに，この考え方を進めると次のようになります。

すべての自然数 k について

$$x^k \xrightarrow{\text{微分}} kx^{k-1}$$

となります。つまり

$$(x^k)' = kx^{k-1}$$

が成り立ちます。

このことから, x^2 の不定積分 $\dfrac{x^3}{3} + C$ を微分すると, 元の x^2 に戻ることが分かります。また

$$\int_s^t x^2 dx = \frac{t^3}{3} - \frac{s^3}{3}$$

は, $y = \dfrac{x^3}{3}$ の導関数 $y = x^2$ とその不定積分の関係を表し

た式と見なせます。

これは,すべての連続関数について成立し,**微分積分学の基本定理**と呼ばれる重要な定理です。

> **微分積分学の基本定理**
> (1)連続関数 $y=f(x)$ に対して
>
> $$\left\{\int f(x)\ dx\right\}' = f(x)$$
>
> が成り立ちます。
> (2)関数 $y=f(x)$ の不定積分が $y=F(x)$ であるとき
>
> $$\int_s^t f(x)\ dx = F(t)-F(s)$$
>
> が成り立ちます。

■数列と微分積分の類似

数列に話を戻します。関数 $f(x)$ では,微分するとき,x_1 での値 $f(x_1)$ と x_0 での値 $f(x_0)$ の差 $f(x_1)-f(x_0)$ を x_1-x_0 で割って得られた値において,x_1 を x_0 に近づけるという操作をしました。これと似た操作を数列に対してできるでしょうか?

数列の場合は,第 n_1 項と第 n_0 項の差を n_1-n_0 で割るところまではできますが,n_1 と n_0 は自然数なので,n_1 を n_0 に近づけるといっても,最も近づけたところで n_0+1 までです。ここで使っている「近づける」という言葉は,

あくまでも「一致させない範囲で」という意味が含まれているからです。そうしないと、「近づける」が「一致させる」、あるいは「代入する」と同じ意味になってしまいます。

ということは、数列$\{a_n\}$で微分の類似を考えることは、第$n+1$項a_{n+1}と第n項a_nの差を$(n+1)-n$で割ること、つまり、

$$\frac{a_{n+1}-a_n}{(n+1)-n}=a_{n+1}-a_n$$

を考えることであり、これは、階差数列を考えることに他なりません。そう考えると、第2章で見たような、一般項がnの2次式である数列の階差数列の一般項がnの1次式になったり、一般項がnの3次式である数列の階差数列の一般項がnの2次式になったりすることも自然なことだと思えます。

また積分の計算、つまり面積の計算に相当するのは、数列では和です。

次の図のように、横が1で、縦の長さが数列の第n項a_nの値となっている長方形の面積を足し合わせた値がまさに数列の和と一致するからです。

こう考えると、一般項がnの1次式である数列の初項から第n項までの和がnの2次式で表されたり、一般項がnの2次式である数列の初項から第n項までの和がnの3次式で表されたりすることも、自然なことだと思えます。実際、階差数列をとることを**差分**、初項から第n項

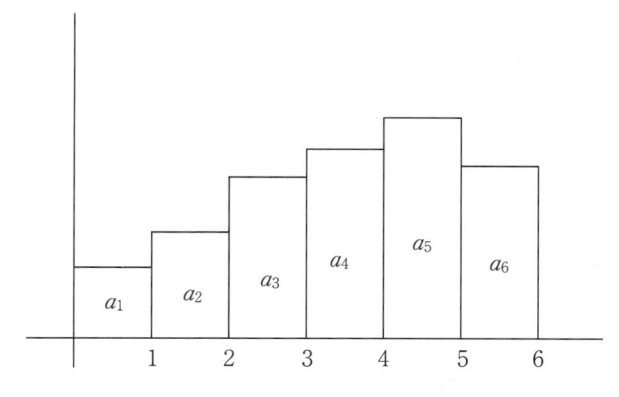

図35　積分は数列の和に相当する

までの和を考えることを**和分**ということもあります。

自然数 n に対して定義された数列 a_n と実数 x に対して定義された関数 $f(x)$ は，まさに車の両輪のように同じように振る舞い，密接に関係しているのです。

■無限を表す級数

178ページで，π を数列の和で表すグレゴリーの式を紹介しました。円周の長さや円の面積を計算するときに使われる π ですが，π は意外にも微積分や物理，統計などでも登場します。また，高等学校では数Ⅲで習う自然対数の底 e も，より高度な数学を始め，様々な分野で活躍します。π や e は小数で表したとき無限に続きますが，それだけではなく**超越数**といって，何乗かしても，また何乗かしたものをどのように組み合わせても，整数や有理数に置き換えることができません。その意味では $\sqrt{2}$ などよりずっ

と扱いが難しい数です。

しかし，π を級数で表すグレゴリーの式があったように，e も簡単な級数として表すことができるのです。超越数のように無限に続く数でも，それを級数として表しておくと，いくらでも正確な値を求めることができ，実際の計算にはたいへん有効です。

また，複雑な方程式の解を求めるときには公式は使えませんが，微分などの助けを借りて，解に収束する無限数列を作る方法があります。仮に解が超越数であっても，いくらでも解に近い値を求めることができるので，この方法は大いに活用されています。

さらには数の列だけでなく，関数の列も考えられます。例えば，

$$x, \ x^2, \ x^3, \ \cdots$$

は x を変数とする関数の列です。

実は，$\sqrt{1.2}$ や $\sqrt{1.3}$ を近似するには，

$$1+\left(\frac{1}{2}x-\frac{1}{4\times 2!}x^2+\frac{3}{8\times 3!}x^3-\frac{3\cdot 5}{16\times 4!}x^4+\cdots\right)$$

という関数の列の和を使います。上の式で，右のカッコの中は初項が $\frac{1}{2}x$ で，$n \geq 2$ のとき第 n 項が

$$\frac{(-1)^{n+1} 1\cdot 3\cdot \cdots \cdot (2n-3)}{2^n n!}x^n$$

である関数の列の和です。これは，$-1<x<1$ であれば収束して，そのときの極限値は $\sqrt{1+x}$ となることが判っています。つまり，関数 $\sqrt{1+x}$ は，上のような関数の列の和で近似できるのです。この式を使うと，例えば $x=0.2$ を代入して，$\sqrt{1.2}$ を近似する級数が得られるわけです。

確かに，このように関数を関数の列で近似しておくと，x に様々な値を代入することでいろいろな数の近似が得られ便利です。実は π を近似するグレゴリーの式も，ある関数を別の関数列で近似することからも説明できます。

関数列を用いて関数を近似するときは，微分・積分がフルに使われます。『なるほど高校数学　三角関数の物語』（ブルーバックス）100～104ページには，三角関数を x, x^2, x^3, … などと係数をうまく合わせた関数の列で近似する例が書かれています。また136ページには，ある周期的な関数を三角関数の列で近似する例（フーリエ級数の例）も書かれています。

このように数や関数の値の近似計算には数列の考えが至るところに応用されています。特に，無理数や超越数がからんでくる計算には，級数はなくてはならないものなのです。級数は私たちが「無限」を扱うための，たいへん重要な道具なのです。

数列は，利息など身近にあるものだけでなく，最新の科学技術を支える高度な計算まで，様々なところで使われているのです。

問の解答

第2章
§1
問1 （1）初項を a，公差を d とおきます。$5d = a_{10} - a_5 = -3 - 7 = -10$ なので，$d = -2$ になります。また，$7 = a_5 = a + 4d = a + 4 \times (-2) = a - 8$ より $a = 15$ となります。したがって，$a_n = 15 - 2(n-1) = -2n + 17$ を得ます。

（2）初項を a，公差を d とおくと，$a_n = a + (n-1)d$ と書けます。したがって，$a_5 + a_7 = a + 4d + a + 6d = 2a + 10d = 9$，$a_{11} = a + 10d = 7$ であり，これを a と d の連立方程式として解いて，$a = 2$, $d = \dfrac{1}{2}$ を得ます。したがって，$a_n = 2 + (n-1) \times \dfrac{1}{2} = \dfrac{n}{2} + \dfrac{3}{2}$ となります。

問2 初項を a，公比を r とおきます。$36 = a_3 = ar^2$，$972 = a_6 = ar^5$ の両辺の比をとると，$r^3 = \dfrac{972}{36} = 27$ となり，$r = 3$ であることが分かります。さらに $36 = a \times 3^2 = 9a$ より $a = 4$ となります。したがって，$a_n = 4 \times 3^{n-1}$ を得ます。

§2
問1 数列 $\{a_n\}$ の階差数列を $\{b_n\}$ とおくと，$b_n = n - 3$ となります。したがって，

$$a_n = a_1 + (b_1 + \cdots + b_{n-1}) = 4 + \{-2 + \cdots + (n-4)\}$$
$$= 4 + \frac{\{-2+(n-4)\} \times (n-1)}{2}$$
$$= 4 + \frac{(n-6)(n-1)}{2}$$
$$= \frac{n^2 - 7n + 14}{2}$$

であることが分かります。

§3

問1 等比数列の和の公式より,和は次のようになります。

$$\frac{1-\left(\frac{1}{2}\right)^n}{1-\frac{1}{2}} = \frac{1-\left(\frac{1}{2}\right)^n}{\frac{1}{2}} = 2\left\{1-\left(\frac{1}{2}\right)^n\right\} = 2-\left(\frac{1}{2}\right)^{n-1}$$

第3章
§1

問1 特性方程式 $x = -2x + 6$ の解は $x = 2$ なので,漸化式は $a_{n+1} - 2 = -2(a_n - 2)$ と変形できます。したがって,数列 $\{a_n - 2\}$ は初項 $a_1 - 2 = 1 - 2 = -1$,公比 -2 の等比数列で,$a_n - 2 = -1 \times (-2)^{n-1}$ となり,$a_n = -(-2)^{n-1} + 2$ を得ます。

§3
問1 （Ⅰ）$n=1$ のとき，左辺$=1^2=1$，
右辺$=\dfrac{1\cdot(1+1)(2\times1+1)}{6}=1$ となり成立します。（Ⅱ）$n=k$ のとき，

$$1^2+2^2+3^2+\cdots+k^2=\dfrac{k(k+1)(2k+1)}{6}$$

が成り立つことを仮定します。$n=k+1$ のとき，

$$\begin{aligned}
\text{左辺}&=1^2+2^2+3^2+\cdots+k^2+(k+1)^2\\
&=(1^2+2^2+3^2+\cdots+k^2)+(k+1)^2\\
&=\dfrac{k(k+1)(2k+1)}{6}+(k+1)^2 \quad\text{（仮定の式を使う）}\\
&=\dfrac{(2k^3+3k^2+k)+(6k^2+12k+6)}{6}\\
&=\dfrac{2k^3+9k^2+13k+6}{6}\\
&=\dfrac{(k+1)(k+2)(2k+3)}{6}\\
&=\dfrac{(k+1)\{(k+1)+1\}\{2(k+1)+1\}}{6}=\text{右辺}
\end{aligned}$$

となり成り立つことが分かります。したがって，数学的帰納法よりすべての自然数 n に対して

$$1^2+2^2+3^2+\cdots+n^2=\dfrac{n(n+1)(2n+1)}{6}$$

が成り立ちます。

問2 （I）$n=1$ のとき，$2^3-3^1=5$ は 5 で割り切れます。
（II）$n=k$ のとき成り立つこと，つまり，$2^{3k}-3^k$ が 5 の倍数であることを仮定します。次に，$n=k+1$ のとき

$$2^{3(k+1)}-3^{(k+1)}=8\times 2^{3k}-3\times 3^k=8(2^{3k}-3^k)+5\times 3^k$$

と変形します。ここで，$2^{3k}-3^k$ は仮定より 5 で割り切れ，5×3^k も 5 で割り切れるので，$2^{3(k+1)}-3^{(k+1)}$ も 5 で割り切れることが分かります。つまり，$n=k+1$ のときも成り立つので，数学的帰納法よりすべての自然数 n に対して $2^{3n}-3^n$ は 5 で割り切れます。

問3 数学的帰納法の(II)の部分の議論には A，B，C の 3 人が必要なので，$k=1$ のとき，つまり $k+1=2$ 人を考えるときには使えません。つまり，$n=2$ のときに正しいことが証明されていません。

第 4 章
§1
問1 例えば，$a_n=n+1$，$b_n=n$ とすると，$a_n-b_n=1$ となり，数列 $\{a_n-b_n\}$ は 1 に収束します。また，$a_n=n^2$，$b_n=n$ とすると，$\lim_{n\to\infty}(a_n-b_n)=\lim_{n\to\infty}(n^2-n)=\infty$，$a_n=n$，$b_n=n^2$ とすると，$\lim_{n\to\infty}(a_n-b_n)=\lim_{n\to\infty}(n-n^2)=-\infty$ となります。

商 $\dfrac{a_n}{b_n}$ についても，$a_n=n+1$，$b_n=n$ とすると $\dfrac{a_n}{b_n}=1+\dfrac{1}{n}$ となり，数列 $\left\{\dfrac{a_n}{b_n}\right\}$ は 1 に収束します。また，$a_n=n^2$，$b_n=n$ とすると，$\lim_{n\to\infty}\dfrac{a_n}{b_n}=\lim_{n\to\infty}n=\infty$，$a_n=-n^2$，$b_n=n$ とすると，

$\displaystyle\lim_{n\to\infty}\frac{a_n}{b_n}=\lim_{n\to\infty}(-n)=-\infty$ となります。

問2（1）分子, 分母を n^3 で割って $a_n=\dfrac{n^3+n}{2n^3-3n^2}=\dfrac{1+\dfrac{1}{n^2}}{2-\dfrac{3}{n}}$

とし, $n\to\infty$ とすると, $\dfrac{1}{2}$ に収束します。

（2）分子, 分母を 3^n で割って $a_n=\dfrac{3^{n+1}+2^n}{2^n-3^n}=\dfrac{3+\left(\dfrac{2}{3}\right)^n}{\left(\dfrac{2}{3}\right)^n-1}$ とし,

$n\to\infty$ とすると, -3 に収束します。

§2
問1 区間 $x=0$ から $x=1$ までを分け, 第1番目の長方形 T_1 の底辺は $x=0$ から $x=\dfrac{1}{n}$ まで, 第2番目の長方形 T_2 の底辺は $x=\dfrac{1}{n}$ から $\dfrac{2}{n}$ までの部分というようにします。区間での最大値は右端で取るので, T_1 の高さを $f\left(\dfrac{1}{n}\right)=\left(\dfrac{1}{n}\right)^2=\dfrac{1}{n^2}$, T_2 の高さは $f\left(\dfrac{2}{n}\right)=\left(\dfrac{2}{n}\right)^2=\dfrac{2^2}{n^2}$ というように定めます。第 k 番目の長方形 $(1\leq k\leq n)$ T_k の高さは $f\left(\dfrac{k}{n}\right)=\left(\dfrac{k}{n}\right)^2$ になります。したがって T_k の面積は横が $\dfrac{1}{n}$ で高さが $\left(\dfrac{k}{n}\right)^2$ なので

$$\left(\frac{k}{n}\right)^2 \times \frac{1}{n} = \frac{k^2}{n^3}$$

になります．どの k に対しても分母は共通に n^3 です．一方，分子の和は第 2 章 §4 で得られた公式から

$$1^2 + 2^2 + \cdots + n^2 = \frac{n(n+1)(2n+1)}{6}$$

となります．したがって，長方形 T_1, T_2, $\cdots$, T_n の面積の総和は

$$\frac{n(n+1)(2n+1)}{6n^3} = \frac{2n^3 + 3n^2 + n}{6n^3}$$

になり，これが面積を近似する式のひとつです．ここで $n \to \infty$ とすると

$$\lim_{n\to\infty} \frac{2n^3 + 3n^2 + n}{6n^3} = \lim_{n\to\infty} \left(\frac{2}{6} + \frac{3}{6n} + \frac{1}{6n^2}\right) = \frac{2}{6} = \frac{1}{3}$$

となります．

問 2 自然数 n に対して，$x = 0$ から $x = a$ までを n 等分して，第 1 番目の長方形 T_1 の底辺は $x = 0$ から $x = \frac{a}{n}$ まで，第 2 番目の長方形 T_2 の底辺は $x = \frac{a}{n}$ から $\frac{2a}{n}$ までの部分というようにします．また，T_1 の高さは $f(0) = 0^3 = 0$，T_2 の高さは

$f\left(\dfrac{a}{n}\right)=\left(\dfrac{a}{n}\right)^3=\dfrac{a^3}{n^3}$ とします。そうすると，第 k 番目の長方形 $(1\leqq k\leqq n)$ T_k の高さは $f\left\{(k-1)\dfrac{a}{n}\right\}=\left\{(k-1)\dfrac{a}{n}\right\}^3$ になります。したがって T_k の面積は

$$\left\{(k-1)\dfrac{a}{n}\right\}^3 \times \dfrac{1}{n} = \dfrac{a^3(k-1)^3}{n^4}$$

になります。

どの k についても分母は共通に n^4 です。一方，分子の和は第 2 章 §4 で得られた公式から

$$a^3\{0+1^3+2^3+\cdots+(n-1)^3\} = a^3\left\{\dfrac{(n-1)n}{2}\right\}^2$$

となります。したがって，長方形 T_1, T_2, ……, T_n の面積の総和は

$$\dfrac{a^3(n^4-2n^3+n^2)}{4n^4}$$

になります。ここで，n を大きくすると，その極限値が $\dfrac{a^3}{4}$ であることが分かります。これが求める面積です。

問 3 $f(x)=x^3$ のとき，$f(x_1)-f(x_0)=x_1{}^3-x_0{}^3$
$=(x_1-x_0)(x_1{}^2+x_1 x_0+x_0{}^2)$ なので

$$\dfrac{f(x_1)-f(x_0)}{x_1-x_0} = x_1{}^2+x_1 x_0+x_0{}^2$$

となり，この式の右辺で $x_1 \to x_0$ とすると右辺は $3x_0{}^2$ に近づきます。したがって，$f'(x) = 3x^2$ となります。

参考図書

『なるほど高校数学 三角関数の物語』原岡喜重著(講談社ブルーバックス)

『離散数学「数え上げ理論」』野﨑昭弘著(講談社ブルーバックス)

『はじめて読む数学の歴史』上垣渉著(ベレ出版)

さくいん

【数字】

1次結合   121

【あ行】

一般項   18, 28
インテグラル   181
インデックス   14, 19
上付き添え字   19
オイラー   170
黄金比   108

【か行】

階差数列   37, 38, 111
階差数列の和   38
階乗   72
仮定   127
帰納   84
帰納的定義   84
帰納法   126
級数   158
極限   155, 166
極限値   157, 159
区分求積法   171
組み合わせの数   71
グレゴリーの式   178
結論   127
厳密な証明方法   126
公差   25, 37
合成数   144
公比   30, 56

【さ行】

サフィックス   14
差分   188
シグマ   46
自然数   17
下付き添え字   19
収束する   157
純正律   33
順番   13
初項   17
振動する   157
数学的帰納法   126, 129, 131
数列   11, 17
スーパースクリプト   19
積分   180
漸化式   85
漸化式の階差   112
漸化式を解く   86
素因数分解定理   144
添え字   14
素数   144

【た行】

単利	21
超越数	189
定数数列	63
定積分	180
導関数	185
等差数列	25, 37
等差数列の和	41
等比数列	30, 55
等比数列の階差数列	61
等比数列の和	57
特性方程式	90, 96, 122

【は行】

パスカル	137
パスカルの三角形	137
バーゼル問題	170
発散	157
番目	17
微分係数	184
微分	185
微分積分学の基本定理	187
フィボナッチ	106
フィボナッチ数列	106
フェルマー	146
複利	21
不定積分	183
フーリエ級数	191
平均変化率	184
平均律	32
平衡点	95

【ま行】

末項	17
無限	166
無限大	155
命題	126

【ら行】

ライプニッツ	66
ライプニッツ係数	65
リミット	155
隣接2項間漸化式	87
隣接2項間連立漸化式	120
隣接3項間漸化式	95, 100
連続な関数	176

【わ行】

和分	189

N.D.C.410　　201p　　18cm

ブルーバックス　B-1711

なるほど高校数学　数列の物語
なっとくして、ほんとうに理解できる

2011年1月20日　第1刷発行

著者　　宇野勝博
発行者　鈴木　哲
発行所　株式会社講談社
　　　　〒112-8001　東京都文京区音羽2-12-21
電話　　出版部　03-5395-3524
　　　　販売部　03-5395-5817
　　　　業務部　03-5395-3615
印刷所　(本文印刷)慶昌堂印刷株式会社
　　　　(カバー表紙印刷)信毎書籍印刷株式会社
製本所　株式会社国宝社

定価はカバーに表示してあります。
©宇野勝博 2011, Printed in Japan
落丁本・乱丁本は購入書店名を明記のうえ、小社業務部宛にお送りください。送料小社負担にてお取替えします。なお、この本についてのお問い合わせは、ブルーバックス出版部宛にお願いいたします。
R〈日本複写権センター委託出版物〉本書の無断複写(コピー)は著作権法上での例外を除き、禁じられています。複写を希望される場合は、日本複写権センター(03-3401-2382)にご連絡ください。

ISBN978-4-06-257711-3

発刊のことば

科学をあなたのポケットに

二十世紀最大の特色は、それが科学時代であるということです。科学は日に日に進歩を続け、止まるところを知りません。ひと昔前の夢物語もどんどん現実化しており、今やわれわれの生活のすべてが、科学によってゆり動かされているといっても過言ではないでしょう。

そのような背景を考えれば、学者や学生はもちろん、産業人も、セールスマンも、ジャーナリストも、家庭の主婦も、みんなが科学を知らなければ、時代の流れに逆らうことになるでしょう。

ブルーバックス発刊の意義と必然性はそこにあります。このシリーズは読む人に科学的に物を考える習慣と、科学的に物を見る目を養っていただくことを最大の目標にしています。そのためには、単に原理や法則の解説に終始するのではなくて、政治や経済など、社会科学や人文科学にも関連させて、広い視野から問題を追究していきます。科学はむずかしいという先入観を改める表現と構成、それも類書にないブルーバックスの特色であると信じます。

一九六三年九月

野間省一

ブルーバックス　コンピュータ・エレクトロニクス関係書

- 1084 図解 わかる電子回路　加藤 肇／見城尚志／高橋久
- 1166 図解 わかるメカトロニクス　小峯龍男
- 1398 パソコンを遊ぶ簡単プログラミング CD-ROM付　木村良夫
- 1400 これならわかるJava CD-ROM付　小林健一郎
- 1412 脳とコンピュータはどう違うか　茂木健一郎
- 1422 最新 Excelで学ぶ金融市場予測の科学　田谷文彦
- 1475 マニュアル不要のパソコン術　朝日新聞be編集部=編 保江邦夫
- 1489 電子回路シミュレータ入門 増補版 CD-ROM付　加藤ただし
- 1553 図解 つくる電子回路　加藤ただし
- 1564 シンプルに使うパソコン術　鐸木能光
- 1572 仮想世界で暮らす法　内山幸樹
- 1577 構造化するウェブ　岡嶋裕史
- 1588 てくの生活入門　朝日新聞be編集部=編
- 1589 昇てわかるC言語入門 Windows Vista対応版 CD-ROM付　板谷雄二
- 1590 続・オーディオ常識のウソ・マコト　千葉憲昭
- 1599 これならわかるネットワーク　長橋賢吾
- 1601 仕事がみるみる速くなる パソコン絶妙ちょいワザ164　トリプルウィン
- 1610 パソコンは日本語をどう変えたか YOMIURI PC編集部
- 1621 瞬間解決！ パソコントラブル解消 なんでも小事典　トリプルウィン
- 1641 大人のための新オーディオ鑑賞術　たくきよしみつ

ブルーバックス12cm CD-ROM付

- BC05 パソコンらくらく高校数学 微分・積分　友田勝久/堀部和経
- BC09 パソコンらくらく高校数学 図形と方程式　友田勝久/堀部和経

ブルーバックス　数学関係書 (Ⅲ)

BC05 パソコンらくらく高校数学　微分・積分　友田勝久 堀部和経

BC06 JMP活用　統計学とっておき勉強法　新村秀一

ブルーバックス　数学関係書（Ⅱ）

- 1383 高校数学でわかるマクスウェル方程式　竹内淳
- 1386 素数入門　芹沢正三
- 1397 数の論理　保江邦夫
- 1402 Q&Aで学ぶ確率・統計の基礎　木下栄蔵
- 1403 パソコンで学ぶ数学実験（CD-ROM付）　涌井良美
- 1407 入試数学 伝説の良問100　安田亨
- 1419 パズルでひらめく 補助線の幾何学　中村義作
- 1422 最新・Excelで学ぶ金融市場予測の科学　保江邦夫
- 1428 ゆっくり考えよう！ 高校・総合学習の数学　佐々木正敏
- 1429 数学21世紀の7大難問　中村亨
- 1430 Excelで遊ぶ手作り数学シミュレーション　田沼晴彦
- 1433 大人のための算数練習帳　佐藤恒雄
- 1440 算数オリンピックに挑戦 '00〜'03年度版　算数オリンピック委員会=編
- 1453 大人のための算数練習帳 図形問題編　佐藤恒雄
- 1455 数学・まだこんなことがわからない（新装版）　吉永良正
- 1470 高校数学でわかるシュレディンガー方程式　竹内淳
- 1479 なるほど高校数学三角関数の物語　原岡喜重
- 1490 計算力を強くする 改訂新版　鍵本聡
- 1493 暗号の数理　一松信
- 1494 間違いさがしパズル傑作選　中村義作/阿邊恵一
- 1515 論理力を強くする　小野田博一

- 1536 計算力を強くするpart2　鍵本聡
- 1547 広中杯 ハイレベル中学数学に挑戦 算数オリンピック委員会=監修/青木亮二=解説
- 1549 やさしい統計入門 中学入試編　佐藤恒雄
- 1557 はじめての数式処理ソフト CD-ROM付　柳井晴夫/C・R・ラオ/田栗正夫/藤越康祝
- 1560 音律と音階の科学　竹内薫
- 1567 なるほど高校数学 ベクトルの物語　小方厚
- 1598 関数とはなんだろう　山根英司
- 1606 出題者心理から見た入試数学　芳沢光雄
- 1617 離散数学「数え上げ理論」　野崎昭弘
- 1619 大人のための算数練習帳　佐藤恒雄
- 1620 やさしいボルツマンの原理　竹内淳
- 1625 やりなおし算数道場　歌丸優一/花摘香里=漫画
- 1629 計算力を強くする完全ドリル　鍵本聡
- 1640 ケプラーの八角星 不定方程式の整数解問題　五輪教一
- 1657 高校数学でわかるフーリエ変換　竹内淳
- 1661 史上最強の実践数学公式123　佐藤恒雄

ブルーバックス12cm CD-ROM付

- BC04 ロールプレイで学ぶ経営数学　横手光洋

ブルーバックス　数学関係書（I）

番号	タイトル	著者
35	計画の科学	加藤昭吉
116	推計学のすすめ	佐藤信
120	統計でウソをつく法	ダレル・ハフ
177	ゼロから無限へ	C・レイド＝訳 芹沢正三＝訳
217	ゲームの理論入門	モートン・D・デービス 桐谷維一／森克美＝訳
297	複雑さに挑む科学	柳井晴夫／岩坪秀一
312	非ユークリッド幾何の世界	寺阪英孝
325	現代数学小事典	寺阪英孝＝編
716	マンガ 数学小事典	岡部恒治
722	解ければ天才！算数100の難問・奇問	中村義作
776	コンピュータもびっくり！速算100のテクニック	中村義作
797	円周率πの不思議	堀場芳数
833	虚数iの不思議	堀場芳数
862	対数eの不思議	堀場芳数
899	解ければ天才！算数100の難問・奇問 PART3	中村義作
908	数学トリック＝だまされまいぞ！	仲田紀夫
926	原因をさぐる統計学	豊田秀樹
988	論理パズル101	デル・マガジンス社＝編 小野田博一＝訳
989	数学を築いた天才たち（上）	スチュアート・ホリングデール 岡部恒治＝監訳 前田忠彦＝訳
990	数学を築いた天才たち（下）	スチュアート・ホリングデール 岡部恒治＝監訳 柳井晴夫＝訳
1003	マンガ 微積分入門	岡部恒治 藤岡文世＝絵
1013	違いを見ぬく統計学	豊田秀樹
1037	道具としての微分方程式	斎藤恭一 吉田剛＝絵
1054	数学オリンピック問題にみる現代数学	小島寛之
1062	算数オリンピック問題に挑戦	算数オリンピック委員会＝監修
1074	フェルマーの大定理が解けた！	足立恒雄
1076	トポロジーの発想	川久保勝夫
1106	脳を鍛える数理パズル	ディビッド・ウェルズ 芦ヶ原伸之＝監訳 藤岡文世＝絵
1141	マンガ 幾何入門	岡部恒治＝著 清水誠＝絵
1145	自然にひそむ数学	佐藤修一
1201	高校数学とっておき勉強法	鍵本聡
1243	無限のパラドクス	足立恒雄
1278	Excelで学ぶ金融市場予測の科学	保江邦夫
1286	マンガ おはなし数学史	仲田紀夫＝原作 佐々木ケン＝漫画
1288	データ分析 はじめの一歩	清水誠
1289	代数を図形で解く	仲田紀夫／阿邊恵一
1312	新装版 集合とはなにか	竹内外史
1332	確率・統計であばくギャンブルのからくり	谷岡一郎
1352	算数パズル「出しっこ問題」傑作選	仲田紀夫
1353	算数オリンピックに挑戦 '95〜'99年度版	算数オリンピック委員会＝編
1366	数学版・これを英語で言えますか？	保江邦夫＝監修 E・ネルソン＝監修
1372	数学にときめく	新井紀子＝著／ムギ畑＝編